Kontrolle des Dampfkesselbetriebes

in Bezug auf

Wärmeerzeugung und Wärmeverwendung.

Von

Paul Fuchs,
Ingenieur der Berliner Elektricitäts-Werke.

Mit 16 in den Text gedruckten Figuren.

Springer-Verlag Berlin Heidelberg GmbH
1903.

Die

Kontrolle des Dampfkesselbetriebes

in Bezug auf

Wärmeerzeugung und Wärmeverwendung.

Von

Paul Fuchs,
Ingenieur der Berliner Elektricitäts-Werke.

Alle Rechte, insbesondere das der
Übersetzung in fremde Sprachen, vorbehalten.

ISBN 978-3-642-89722-1   ISBN 978-3-642-91579-6 (eBook)
DOI 10.1007/978-3-642-91579-6

Vorwort.

Die Aufgaben, welche sich für die Ausbildung einer erschöpfenden Kontrolle des Dampfkesselbetriebes sowohl in Bezug auf die Wärmeerzeugung als auch die Wärmeverwendung ergeben, sind in dieser kleinen Schrift sachlich geordnet zusammengestellt. Die Lösung derselben ist aus seit Jahren angestellten speziellen Beobachtungen abzuleiten versucht, welche oftmals eine gänzliche Umkehrung überlieferter Anschauungen mit sich gebracht haben.

Bei der Abfassung dieser Arbeit ist die scharfe Trennung der gesetzmäßigen Beziehungen des Wärmegebers von denen des Wärmeaufnehmers durchzuführen versucht, ein Verfahren, welches zwar für einen klaren Einblick der vielfach in einander laufenden Verhältnisse bei der Dampferzeugung absolut nötig ist, immerhin jedoch zur Zeit mancherlei mangelnder Erkenntnis wegen noch vielfache Lücken aufweist.

Möge diese Schrift dem Betriebsführer von Dampferzeugungsanlagen einen Wegweiser abgeben zur Erkenntnis und zur Verwendung von Methoden, welche zu einer rationellen Ausnutzung seiner Betriebsmittel führen.

Es sei mir ferner an dieser Stelle gestattet, meinem Chef, Herrn Ingenieur L. Datterer, Direktor der Berliner Elektrizitäts-Werke, meinen besten Dank auszusprechen für die Förderung und Unterstützung, welche derselbe den hier mitgeteilten Versuchen angedeihen ließ.

Berlin, April 1903.

Der Verfasser.

Inhalts-Verzeichnis.

I. Teil.
Die Wärmeerzeugung.

Seite
1. Die Wärmeentbindung beim Oxydations-(Verbrennungs)-Prozeß und die resultierenden Wärmemengen 1
2. Der Oxydationsprozeß und die notwendige Luftmenge 3
3. Der Luftüberschuß und die Ermittlung desselben 5
4. Die Zusammensetzung der gebildeten Rauchgase dem Gewichte nach und der Wärmewert derselben 11
5. Die Ermittlung der dynamischen Effekte bei der Luftansaugung und die Verwertung zur Bestimmung der Menge des abfließenden Gasquantums 14
6. Die Beziehungen der einzelnen Komponenten der Brennstoffe zum Betriebswert derselben 22
7. Der Nutzeffekt des Feuerungsprozesses 31

II. Teil.
Die Wärmeverwendung.

8. Die Wärmeaufnahmefähigkeit und der Nutzeffekt der Dampfkesselheizfläche 34
9. Die laufende Ermittlung der Heizflächen-Belastung 40
10. Die Verteilung der Wärmemenge innerhalb der Heizfläche und die Wärmebilanz der Dampfkesselanlage 45
11. Der Nutzeffekt und der Wärmedurchgang an Dampfüberhitzerheizflächen 47
12. Der Nutzeffekt und der Wärmedurchgang an Vorwärmerheizflächen 54

III. Teil.
Die Kontrolle des Dampfkesselbetriebes.

13. Die zur Dampfbetriebskontrolle notwendigen Instrumente . . . 57
14. Methoden zur laufenden Brennstoffuntersuchung 65
15. Die laufende Kontrolle des Feuerungsprozesses und der Belastung der Dampferzeugungsanlage 71

I. Teil.

Die Wärmeerzeugung.

1. Die Wärmeentbindung beim Oxydations-(Verbrennungs)-Prozeß und die resultierenden Wärmemengen.

Die Oxydierung eines Brennstoffes bezweckt die Entbindung beziehungsweise Nutzbarmachung der in Wärme zum Ausdruck kommenden chemischen Reaktionsarbeit, welche in Wärmeeinheiten (W. E.) ausgedrückt wird; das Oxydationsmittel gibt der in der atmosphärischen Luft vorhandene freie Sauerstoff ab, welcher dem Gewichte nach bei trockener Luft ca. 23,23 und dem Volumen nach 20,96 vom Hundert ausmacht.

Die Wärme gebenden Substanzen der Brennstoffe sind

		Verbrennungswärme für 1 kg
1.	der Kohlenstoff, C,	= 8 088 W. E.
2.	der Wasserstoff, H,	= 33 789 W. E.
3.	der verbrennliche Anteil des Schwefels, S,	= 2 230 W. E.;

jedoch kommt nur jener Anteil von Wasserstoff zur Wärmeerzeugung in Betracht, welcher nach Bindung sämtlichen Sauerstoffs gemäß der Zusammensetzung des Wassers (H_2O) als Reaktionsprodukt verbleibt und als „disponibler Wasserstoff", gleich $\left(H - \dfrac{O}{8}\right)$ in Rechnung gesetzt wird.

Die mannigfaltigen hierhergehörigen Reaktionen, bei welchen als Endresultat Energie in Form von Wärme frei wird, sind kurz zusammengestellt folgende:

Fuchs.

Die Wärmeerzeugung.

(Wärmemengen für je 1 Gramm-Molekül Substanz.)

$$C + O_2 = CO_2 = \frac{8088 \cdot 11{,}91^{1)}}{1000} = +96{,}33 \text{ W. E.}$$

$$C + O = CO = \frac{2464 \cdot 11{,}91}{1000} = +29{,}34 \text{ W. E.}$$

$$H_2 + O = H_2O = \frac{33\,789 \cdot 2}{1000} = +67{,}58 \text{ W. E.}$$

Durch Umformung dieser Hauptreaktions-Gleichungen lassen sich die in den einzelnen Feuerungsprozessen vor sich gehenden Umsetzungen darstellen, z. B.:

Gewöhnlicher Planrostbetrieb mit vollkommener Verbrennung.

$\begin{aligned} C + O &= CO &&= + 29{,}34 \text{ W. E.} \\ CO + O &= CO_2 &&= + 66{,}99 \text{ W. E.} \end{aligned} \Big\} \; \Sigma = +96{,}33 \text{ W. E.}$

Desgl., jedoch mit Zerlegung von Wasserdampf.

$\begin{aligned} C + H_2O &= CO + H_2 &&= - 38{,}24 \text{ W. E.} \\ CO + O &= CO_2 &&= + 66{,}99 \text{ W. E.} \\ H_2 + O &= H_2O &&= + 67{,}58 \text{ W. E.} \end{aligned} \Big\} \; \Sigma = +96{,}33 \text{ W. E.}$

$\begin{aligned} C + 2H_2O &= CO_2 + 2H &&= - 38{,}83 \text{ W. E.} \\ 2H + O_2 &= 2H_2O &&= + 135{,}16 \text{ W. E.} \end{aligned} \Big\} \; \Sigma = +96{,}33 \text{ W. E.}$

ferner

$C + CO_2 = 2CO = - 37{,}65$ W. E. u. s. w.

Der aus der Verbrennung des Wasserstoffs resultierende Wasserdampf kann nun entweder zu flüssigem Wasser kondensieren oder dampfförmig verbleiben. Beim Kondensieren jedoch gibt derselbe seine latente Verdampfungswärme mit ab, während im dampfförmigen Zustand letztere gebunden bleibt.

1 kg Wasserstoff zu flüssigem Wasser von 0° C. verbrannt gibt ca. 34 470 W. E.

Das gleiche Quantum zu dampfförmig verbleibendem Wasser von 20° C. verbrannt, würde folgenden Wärmewert geben:

1 kg H zu H_2O verbrannt erzeugt	8,98 kg Wasser
Gesamtwärme λ des Wassers bei + 20° C. pro 1 kg =	612,600 W. E.
Flüssigkeitswärme q des Wassers bei + 20° C. pro 1 kg =	20,010 - -
Latente Verdampfungswärme r = ($\lambda - q$) pro 1 kg =	592,590 W. E.

---

[1]) 8088 = Verbrennungswärme pro 1 kg; 11,91 = Molekulargewicht.

Gesamte latente Verdampfungswärme des bei der Verbrennung von 1 kg H sich bildenden Wasserdampfes von 20° C. (592,590 · 8,98) = 5321 W. E.

Mithin gibt 1 kg H zu H_2O dampfförmig von 20° C. verbrannt (34 470 — 5321) = 29 149 W. E.

Abgerundet setzt man hierfür den Wert 29 000 W. E. ein. Sämtliche Heizwertsbestimmungen werden nur unter Verhältnissen ausgeführt, bei welchen der aus der Verbrennung resultierende Wasserdampf zu flüssigem Wasser kondensiert wird. Da nun aber der Wasserdampf in den Feuerungsanlagen gasförmig entweicht, gibt man analog diesem Vorgang den Heizwert eines Brennstoffes nicht mit Bezug auf flüssiges, sondern auf dampfförmiges Wasser an und zwar setzt man für r pro 1 kg H_2O als Mittelwert 600 W. E.

Demgemäß berechnet sich aus den einzelnen Komponenten eines Brennstoffs sein Heizwert nach der Formel

$$\frac{8100\,C + 29000\left(H - \frac{O}{8}\right) + 2500\,S^{[1]} - 600\,W^{[1]}}{100}.$$

Für den später erwähnten Brennstoff von

$$C = 70{,}05, \quad \left(H - \frac{O}{8}\right) = 3{,}62, \quad W = 2{,}68\,\%$$

berechnet sich der Heizwert zu

$$\frac{8100 \cdot 70{,}05 + 92000 \cdot 3{,}62 - 600 \cdot 2{,}68}{100} = 6717 \text{ W. E.}$$

2. Der Oxydationsprozeß und die notwendige Luftmenge.

Die für diese Reaktionen notwendige Menge Sauerstoff resp. Luft bestimmt sich wie folgt:

$C + O_2 = CO_2 = 11{,}91 : 31{,}92 \quad = 1 : 2{,}680$
23,23 kg O = 100 kg Luft
2,680 - - = 11,536 kg Luft
1 kg Luft = 0,7731 cbm, demnach
11,536 kg Luft = 8,918 cbm Luft

---

[1] S = Schwefel, W = mechanisch beigemengtes Wasser.

4   Die Wärmeerzeugung.

$$C + O = CO = 11{,}91 : 15{,}96 = 1 : 1{,}340$$
$$1{,}340 \text{ kg O} = 5{,}775 \text{ kg Luft}$$
$$5{,}775 \text{ - Luft} = 4{,}464 \text{ cbm Luft}$$
$$H_2 + O = H_2O = 2 : 15{,}96 = 1 : 7{,}98\text{[1]}$$
$$7{,}98 \text{ kg O} = 34{,}352 \text{ kg Luft}$$
$$34{,}352 \text{ - Luft} = 26{,}657 \text{ cbm Luft.}$$

Die Reaktionsprodukte, d. h. die gebildeten Gase, betragen dem Gewichte nach, da es sich um die Zuführung eines Kilogramms C, H etc. handelt, 1 + der berechneten Sauerstoffresp. Luftmenge, also

$$C + O_2 = CO_2 = 12{,}536 \text{ kg Verbrennungsprodukte}$$
$$C + O = CO = 6{,}775 \text{ -   -}$$
$$H_2 + O = H_2O = 35{,}352 \text{ -   -}$$

Dem Volumen nach erhält man

$C + O_2 = CO_2$	8,918 cbm Luft	= 1,869 cbm O	+
		7,049 cbm N	
(1 Vol. O_2 = 1 Vol. CO_2)	1,869 cbm O	= 1,869 cbm CO_2	+
		7,049 cbm N =	8,918 cbm
$C + O = CO$	4,464 cbm Luft	= 0,935 cbm O	+
		3,529 cbm N	
($^1/_2$ Vol. O = 1 Vol. CO)	0,935 cbm O	= 1,870 cbm CO	+
		3,529 cbm N =	5,399 cbm
$H_2 + O = H_2O$	26,657 cbm Luft	= 5,587 cbm O	+
		21,070 cbm N	
($^1/_2$ Vol. O = 1 Vol. H_2O)	5,587 cbm O	= 11,174 cbm H_2O +	
		21,070 cbm N =	32,244 cbm.

Nimmt man an, daß der Schwefel in den Brennstoffen als Schwefelkies vorhanden ist und daß sich gemäß der Gleichung

$$2 \text{ Fe S}_2 + 11 \text{ O} = \text{Fe}_2 \text{O}_3 + 4 \text{ SO}_2$$

Eisenoxyd und Schwefeldioxyd bilden, so erhält man die zum Oxydieren notwendige Luftmenge zu 5,927 kg Luft = 4,582 cbm Luft, welche 6,552 kg = 4,328 cbm Rauchgase bilden. Bei der Unsicherheit der Methoden zur Bestimmung des Verbleibs des Schwefels und seines Begleiters Eisen ist die für S in Rechnung zu setzende Luftmenge bei den angeführten Beispielen außer acht gelassen, zumal dadurch das Resultat nur um ganz

---

[1]) Diese Zahl ist abgerundet zu 8.

geringe Werte verändert wird, welche viel kleiner sind als die Summa Summarum auftretenden Beobachtungsfehler irgend eines Versuches.

Man erhält mithin den Luftbedarf in kg L_k und cbm L_{cbm}, wenn die Zusammensetzung des Brennmaterials nach Gewichtsprozenten bekannt ist, für 1 kg Brennstoffmenge nach

$$\left.\begin{array}{l}C+O_2=CO_2\\ H_2+O=H_2O\end{array}\right\} \quad L_k=\frac{11{,}536\,C+34{,}352\left(H-\frac{O}{8}\right)+5{,}927\,S}{100}$$

$$L_{cbm}=\frac{8{,}918\,C+35{,}352\left(H-\frac{O}{8}\right)+4{,}528\,S}{100}.$$

Die Reaktionsprodukte in kg Rg_{kg} und cbm Rg_{cbm} betragen pro 1 kg Brennstoff

$$Rg_k=\frac{12{,}536\,C+35{,}352\left(H-\frac{O}{8}\right)+6{,}552\,S+W^{1)}+N^{1)}}{100}$$

$$Rg_{cbm}=\frac{8{,}918\,C+32{,}244\left(H-\frac{O}{8}\right)+4{,}328\,S+1{,}242\,W^{2)}+0{,}796\,N^{2)}}{100}$$

3. Der Luftüberschuß und die Ermittelung desselben.

Es ist nun praktisch nicht möglich, einen Brennstoff mit der theoretisch notwendigen Menge Sauerstoff resp. Luft zu oxydieren; dasjenige Quantum Luft nun, welches überschüssig verwandt ist, wird als **Luftüberschuß** L_v **in Vielfache der theoretisch notwendigen Menge** angegeben.

Dieser Koeffizient L_v läßt sich aus der Zusammensetzung des resultierenden Rauchgases ableiten; die eigentlichen Rauchgasbilder C und H oxydieren bei vollkommener Verbrennung zu CO_2 und H_2O, während der Stickstoff, sowohl der der zugeführten Luft als auch der in den Brennstoffen vorhandene, ebenso der Sauerstoff und das hygroskopische Wasser in ihrer ursprünglichen Form in den Rauchgasen vorhanden sind. Da nun der Wasserdampf bei den Temperaturen, unter welchen

---

[1]) W = hygroskopisches Wasser, N = Stickstoffgehalt des Brennstoffes.
[2]) 1,242 und 0,796 Gewichte je 1 cbm H_2O+N in kg.

die Rauchgase analysiert werden, kondensiert, und da ferner der Stickstoff seiner äußerst geringen chemischen Affinität wegen laufend direkt nicht bestimmt werden kann, muß man von einer vollständigen Analyse absehen und bestimmt deshalb die resultierende Kohlensäure oder den freien und infolgedessen überschüssigen Sauerstoff.

Zur Ableitung des Luftüberschußkoeffizienten L_v aus dem CO_2-Gehalt der Rauchgase ist es nötig, die Zusammensetzung des zu verfeuernden Brennmaterials zu wissen; man bildet sich hieraus denjenigen maximalen Kohlensäuregehalt CO_2 max, welcher bei der Oxydierung mit der theoretischen Luftmenge resultieren würde; der Luftüberschuß ist dann einfach

$$L_v = \frac{CO_2 \text{ max}}{CO_2 \text{ Rg}},$$

wenn mit CO_2 Rg der in den Rauchgasen tatsächlich gefundene Kohlensäuregehalt dargestellt wird.

Bestimmt man den freien Sauerstoff in den Rauchgasen, so erhält man ohne Erkenntnis der Zusammensetzung des Brennmaterials mit gleicher Genauigkeit den Luftüberschußkoeffizienten aus dem Ansatz

$$L_v = \frac{20{,}96}{20{,}96 - O_{Rg}},$$

in welchem 20,96 das in 100 Teilen Luft enthaltene freie Sauerstoffvolumen und O_{Rg} den in den Rauchgasen vorhandenen freien Sauerstoff bedeutet.

Die oft angewandte Formel

$$L_v = \frac{20{,}96}{20{,}96 - (79{,}04 \cdot O_{Rg} : N)},$$

in welcher 20,96 Volumprozente Luftsauerstoff, 79,04 Luftstickstoff, O_{Rg} der gefundene freie Sauerstoff in den Rauchgasen und N die Differenz: $100 - CO_2 + O_{Rg}$ bedeutet, erfordert ebensowohl die Bestimmung des Kohlensäure- als auch des Sauerstoffgehaltes. Zudem ist diese Annäherungsformel die ungenaueste, weil die mit N bezeichnete Differenz nicht nur

Der Luftüberschuß. 7

Stickstoff, sondern auch den Wasserdampf mit einbegreift; man müßte also schreiben

$$L_v = \frac{20{,}96}{20{,}96 - (79{,}04 \cdot O_{Rg} : [79{,}04 - H_2O])}.$$

Für irgend einen Brennstoff beispielsweise erhält man:

Zusammensetzung: C   H   O   N   W   Rückstände
                  70,05   4,44   6,61   0,79   2,68   15,43 %

L_{cbm} $\quad C + O_2 = CO_2 = \dfrac{8{,}918 \cdot 70{,}05}{100} = 6{,}247$ cbm $\Big\}$

$\left(H - \dfrac{O}{8}\right)_2 + O = H_2O = \dfrac{26{,}657 \cdot 3{,}62}{100} = 0{,}964$ cbm $\Big\}$ $\Sigma = 7{,}211$ cbm Luft

Rg_{cbm} $\quad C + O_2 = CO_2 = \dfrac{8{,}918 \cdot 70{,}05}{100} = 6{,}247$ cbm $\Big\}$

$\left(H - \dfrac{O}{8}\right)_2 + O = H_2O = \dfrac{32{,}244 \cdot 3{,}62}{100} = 1{,}167$ cbm

$W = \dfrac{1{,}242 \cdot 2{,}68}{100} = 0{,}033$ cbm

$N = \dfrac{0{,}796 \cdot 0{,}79}{100} = 0{,}006$ cbm $\Big\}$ $\Sigma = 7{,}453$ cbm Rauchgas.

Die Zusammensetzung der 7,453 cbm Rauchgase ist

$C + O_2 = CO_2 = \dfrac{6{,}247 \cdot 20{,}96}{100} = 1{,}309$ cbm CO_2 und

$\qquad\qquad\qquad\qquad\qquad 6{,}247 - 1{,}309 = 4{,}938$ cbm N

$\left(H - \dfrac{O}{8}\right)_2 + O = H_2O = \dfrac{1{,}167 \cdot 20{,}96}{100} = 0{,}244$ cbm H_2O und

$\qquad\qquad\qquad\qquad\qquad 1{,}167 - 0{,}244 = 0{,}923$ cbm N

$W = \ldots\ldots\ 0{,}033$ cbm H_2O und

$N = \ldots\ldots\ldots = 0{,}006$ cbm N.

Man hat demnach

$\quad$ 1,309 cbm $\quad = \quad$ 17,56 Vol. % CO_2
$\quad$ 0,277 - $\quad\ \ = \quad$ 3,71 - - H_2O
$\quad$ 5,867 - $\quad\ \ = \quad$ 78,73 - - N

Σ 7,453 cbm Rauchgase = 100,00 Vol. %.

Bei einem Luftüberschuß von beispielsweise $L_v = 1{,}68$ fach erhält man in Bezug auf tatsächlich angewandte Luftmenge,

Die Wärmeerzeugung.

erzeugtes Rauchgasquantum und Zusammensetzung desselben folgende Werte:

Theoretische Luftmenge == 7,211 cbm; $L_v = 1,68$ fach;
Tatsächlich verwandte Luftmenge = 12,114 -
Theoretische Rauchgasmenge == 7,453 -
Wirklich erzeugte Rauchgasmenge = 12,114 + (7,453 — 7,211) = 12,356 cbm.

In dem neugebildeten Rauchgas sind also 12,356 — 7,453 = 4,903 cbm Luft = 0,465 cbm Sauerstoff und 4,438 cbm Stickstoff mehr enthalten als in dem bei theoretischer Verbrennung sich bildenden Rauchgas; die nunmehrige Zusammensetzung beträgt mithin

1,309 cbm	=	10,59 Vol. %	CO_2
1,027 -	=	8,31 - -	O
0,277 -	=	2,24 - -	H_2O
9,743 -	=	78,86 - -	N

Σ 12,356 cbm Rauchgase = 100,00 Vol. %.

Rechnet man auf Grund dieser Zahlenwerte den Luftüberschuß L_v nach, so erhält man für

$$L_v = \frac{CO_2 \max}{CO_2} = \frac{17,56}{10,59} = 1,6581 \text{ fach} = -1,31\% \text{ Differenz,}$$

$$L_v = \frac{20,96}{20,96 - O_{Rg}} = \frac{20,96}{12,65} = 1,6569 \text{ fach} = -1,40\% \text{ Differenz,}$$

$$L_v = \frac{20,96}{20,96 - (79,04 \cdot O_{Rg} : N)} = \frac{20,96}{20,96 - 8,09} = 1,6285 \text{ fach} =$$
$$- 3,07\% \text{ Differenz,}$$

$$L_v = \frac{20,96}{20,96 - (79,04 \cdot O_{Rg} : [79,04 - H_2 O])} = \frac{20,96}{20,96 - 8,55} =$$
$$1,6889 \text{ fach} = +0,53\% \text{ Differenz.}$$

Für die laufende Betriebskontrolle in Bezug auf den Luftüberschuß allein ist es am besten, den freien Sauerstoff in den Rauchgasen zu bestimmen; derselbe ist ebenso einfach und sicher zu ermitteln als der Kohlensäuregehalt und bringt noch den Vorteil mit sich, von der Zusammensetzung des jeweilig verfeuerten Brennmaterials vollkommen unabhängig zu sein und direkt den Luftüberschuß anzugeben.

Der Luftüberschuß.

Die Tabelle und Figur 1 zeigen den Zusammenhang zwischen dem freien Sauerstoff in den Rauchgasen und dem Luftüberschußkoeffizienten.

Vielfache der theoretischen Luftmenge	Vol. % Sauerstoff in den Rauchgasen	Vielfache der theoretischen Luftmenge	Vol. % Sauerstoff in den Rauchgasen
1,00	0,000	1,80	9,316
1,05	0,999	1,85	9,631
1,10	1,906	1,90	9,929
1,15	2,734	1,95	10,212
1,20	3,494	2,00	10,480
1,25	4,192	2,05	10,736
1,30	4,837	2,10	10,980
1,35	5,435	2,15	11,212
1,40	5,989	2,20	11,433
1,45	6,505	2,25	11,645
1,50	6,987	2,30	11,847
1,55	7,434	2,35	12,041
1,60	7,860	2,40	12,227
1,65	8,254	2,45	12,405
1,70	8,631	2,50	12,570
1,75	8,983		

Bestimmt man neben dem Sauerstoff auch noch den Kohlensäuregehalt der Rauchgase, so ermöglichen diese Ermittelungen in Vereinigung mit der bekannten Zusammensetzung des Brennmaterials einen Rückschluß auf die mehr oder weniger große Menge noch unverbrannter Gase, z. B. Kohlenoxyd, weil natürlich die Summe $CO_2 + O$ identisch sein muß mit der aus der Zusammensetzung des Brennmaterials berechneten Menge.

Von dem vorerwähnten Brennstoff gelangen beispielsweise vom Kohlenstoff desselben 4,5 Gewichtsprozente nicht zur Oxydierung zu CO_2, sondern nur zu CO; der Luftbedarf und die Rauchgasmengen sind dann:

10   Die Wärmeerzeugung.

$$L_{cbm} \quad C + O_2 = CO_2 = \frac{6{,}247 \cdot 95{,}5}{100} = 5{,}966 \text{ cbm}$$

$$C + O = CO = \frac{70{,}05 \cdot 4{,}464}{100} \cdot \frac{4{,}5}{100} = 0{,}140 \text{ -}$$

$$\Sigma = 7{,}070 \text{ cbm Luft}$$

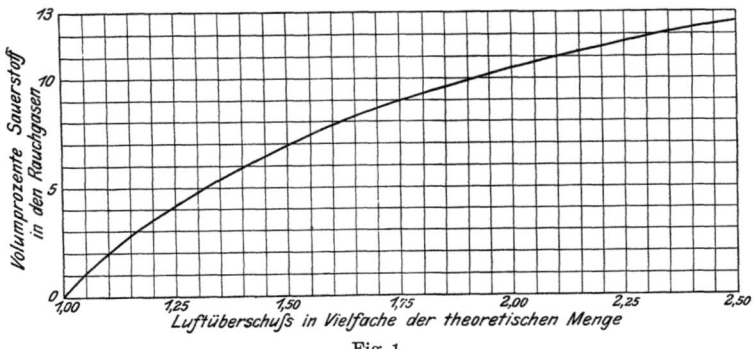

Fig. 1.

$$R g_{cbm} \quad C + O_2 = CO_2 = \frac{6{,}247 \cdot 95{,}5}{100} = 5{,}966 \text{ cbm}$$

$$C + O = CO = \frac{70{,}05 \cdot 5{,}399}{100} \cdot \frac{4{,}5}{100} = 0{,}170 \text{ -}$$

$$\left(H - \frac{O}{8}\right)_2 + O = H_2O = \ldots \ldots = 1{,}167 \text{ -}$$

$$W = \ldots \ldots = 0{,}033 \text{ -}$$

$$W = \ldots \ldots = 0{,}006 \text{ -}$$

$$\Sigma = 7{,}342 \text{ cbm}$$

Rauchgase bestehend aus

$$CO_2 = 17{,}02 \text{ Vol. \%}$$
$$CO = 0{,}47 \text{ - -}$$
$$H_2O = 3{,}77 \text{ - -}$$
$$N = 78{,}74 \text{ - -}$$

Bei einem Luftüberschuß von $L_v = 1{,}68$ fach werden nur effektiv 11,877 kg Luft erfordert, welche 12,249 cbm Rauchgase bilden, bestehend aus

$$CO_2 = 1{,}250 \text{ cbm} = 10{,}20 \text{ Vol. \%}$$
$$CO = 0{,}035 \text{ -} = 0{,}28 \text{ - -}$$
$$O = 1{,}007 \text{ -} = 8{,}28 \text{ - -}$$
$$H_2O = 0{,}277 \text{ -} = 2{,}28 \text{ - -}$$
$$N = 9{,}580 \text{ -} = 78{,}96 \text{ - -}$$

Die Rauchgaszusammensetzung. 11

Vergleicht man die Zusammensetzung der resultierenden Rauchgase hierbei, so erhält man

Summa $CO_2 + O_2$ bei vollkommener Verbrennung : 18,90 Vol. %
- $CO_2 + O_2$ - unvollkommener - : 18,48 - -

4. Die Zusammensetzung der gebildeten Rauchgase dem Gewichte nach und der Wärmewert derselben.

Ebenso, wie man die Brennstoffmenge, die verdampfte Wassermenge etc. nur nach dem Gewicht definiert, ist auch die Menge der erzeugten Verbrennungsprodukte nicht dem Volumen, sondern dem Gewicht nach für alle später hier durchgeführten Berechnungen angeführt; dieses Verfahren ist beispielsweise bei Bestimmung des Wärmewertes von Rauchgasen wesentlich einfacher und sicherer, weil das Gewicht eines Gases nicht wie das Volumen eine Funktion des Druckes und der Temperatur ist etc. Für den vorerwähnten Brennstoff erhielt man:

$$L_{kg} = 9{,}323 \text{ kg Luft und } Rg_{kg} = 10{,}094 \text{ kg Rauchgas,}$$

welches aus

2,039 kg = 20,20 Gew. Proz. CO_2,
0,323 - = 3,19 - - H_2O und
7,732 - = 76,61 - - N

besteht.

Bei dem vorher erwähnten Luftüberschuß von $L_v = 1{,}68$-fach gebraucht man zum Oxydieren des Brennstoffes 15,662 kg Luft, welche 16,433 kg Rauchgase folgender Zusammensetzung bilden würden:

2,039 kg = 12,40 Gew. Proz. CO_2,
1,479 - = 9,00 - - O,
0,323 - = 1,90 - - H_2O,
12,592 - = 76,70 - - N.

Will man die immer vorhandene Luftfeuchtigkeit ebenfalls berücksichtigen, so hat man zu dem gefundenen Luftgewicht den Wasserdampfgehalt, welcher in der pro 1 kg Brennstoff zuströmenden Luftmenge dem Gewichte nach vorhanden ist, hinzuzuaddieren. Bei einer Temperatur der Verbrennungsluft von 40° und bei z. B. 60,5% relativer Feuchtigkeit enthält 1 cbm Luft 33,21 g Wasserdampf, d. h. 1 kg Luft enthält 33,21 : 1,1466[1]) = 28,96 g Wasser; da nun hier dem Brennstoff pro 1 kg 15,662 kg Luft zugeführt werden, so erhält man mithin $15,662 \cdot 28,96 = 0,453$ kg Wasser; das gebildete Rauchgas würde folgende Zusammensetzung haben:

$$
\begin{array}{rlll}
2,039 \text{ kg} &= 12,07 \text{ Gew. Proz.} & CO_2, \\
1,479 \text{ -} &= 8,76 \text{ -} & - & O_2, \\
0,776 \text{ -} &= 4,59 \text{ -} & - & H_2O, \\
12,592 \text{ -} &= 74,58 \text{ -} & - & N.
\end{array}
$$

Hat man auf die hier erörterte Weise die Zusammensetzung eines Rauchgases ermittelt und ist dessen Temperatur bekannt, so erhält man, wenn das Gewicht und die spezifische Wärme der einzelnen Gasbestandteile mit der Temperatur multipliziert werden, den Wärmewert des Rauchgases.

Mallard und le Chatelier haben für die Abhängigkeit der spezifischen Wärme von der Temperatur einige Formeln bekannt gegeben, welche es erlauben, diese Werte für die hier interessierenden Gase nach entsprechender Umformung in eine Tabelle zusammenzustellen. Bezeichnet man mit m das Molekulargewicht eines Gases, mit t die Temperatur desselben und mit cp endlich die spezifische Wärme bei konstantem Druck, so erhält man folgende Beziehungen:

$$m \, cp \, CO_2 = 8,26 + 0,012 \, t - 0,00000236 \, t^2$$
$$m \, cp \, H_2O = 7,57 + 0,00656 \, t$$
$$m \, cp_0 \, O, N, CO = 6,76 + 0,0012 \, t$$

Auf Grund dieser Formeln sind die in der Tabelle enthaltenden Werte der spezifischen Wärmen für 1 kg Substanz und 1° C. als Funktion der Temperatur umgerechnet und in Figur 2 graphisch dargestellt.

---

[1]) Gewicht von 1 cbm Luft in kg bei 40° C. und 760 mm Druck.

Spezifische Wärmen der Rauchgase.

Temperatur in Graden C.	CO_2	Differenz für 1° C.	H_2O	O	CO und N
200	0,2401		0,4935	0,2187	0,2500
250	2525	0,00024	5117	2206	2521
300	2647	00024	5299	2225	2541
350	2766	00023	5481	2244	2562
400	2882	00023	5663	2263	2583
450	2995	00022	5845	2282	2604
500	0,3106	0,00022	0,6027	0,2301	0,2625
550	3216	00021	6210	2320	2646
600	3320	00021	6392	2339	2667
650	3423	00020	6574	2358	2688
700	3523	00020	6756	2377	2709
750	0,3621	0,00019	0,6938	0,2396	0,2730
800	3715	00018	7120	2415	2751
850	3807	00018	7302	2434	2772
900	3897	00017	7484	2453	2793
950	3984	00017	7666	2472	2814
1000	0,4068	0,00016	0,7848	0,2491	0,2835
1050	4149	00016	8030	2510	2856
1100	4228	00015	8212	2529	2877
1150	4304	00015	8394	2548	2898
1200	4377	00014	8576	2567	2919
1250	0,4448	0,00014	0,8758	0,2586	0,2940
1300	4516	00013	8940	2605	2961
1350	4581	00013	9122	2624	2982
1400	4644	00012	9304	2643	3003
1450	4704	00012	9486	2662	3024
1500	0,4763	0,00011	0,9668	0,2681	0,3045
Konstante Differenz pro 1° C.			0,00036	0,000038	0,000042

Hat z. B. das resultierende Rauchgas bei Verfeuerung des vorerwähnten Brennstoffes mit einem 1,68 fachen Luftüberschuß eine Temperatur von + 550° C., so erhält man für den Wärmewert desselben pro 1 kg:

CO_2 = 12,40 Gew. Proz. = 12,40 · 0,3216 = 3,9878
O   = 9,00   -   -   = 9,00 · 0,2320 = 2,0880
H_2O = 1,90   -   -   = 1,90 · 0,6210 = 1,1799
N   = 76,70   -   -   = 76,70 · 0,2646 = 20,2948
Σ 100,00

$$\frac{\Sigma}{100} = \frac{27,5505}{100} = 0,2755 \text{ W. E.}$$

Da pro 1 kg Brennstoff 16,433 kg Rauchgase gebildet werden, erhält man mithin für den Wärmewert der aus 1 kg Brennstoff erzeugten Gasmenge

$16{,}433 \cdot 0{,}2755 \cdot 550^{0}$ C. $= 2490{,}01$ W. E.

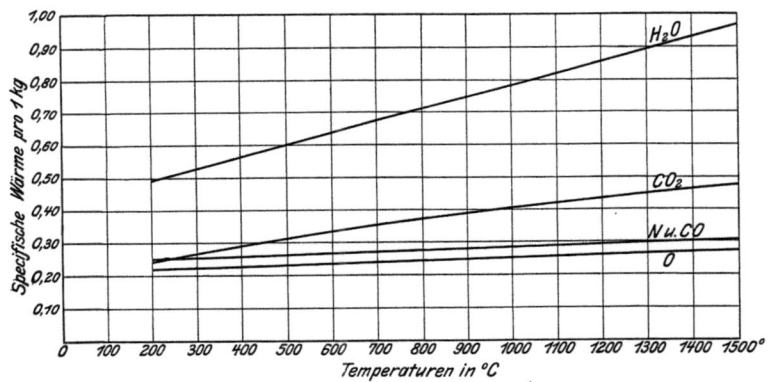

Fig. 2.

5. Die Ermittelung der dynamischen Effekte bei der Luftansaugung und die Verwertung derselben zur Bestimmung der Menge des abfließenden Gasquantums.

Zum Ansaugen der Luft, welche das Brennmaterial auf dem Rost oxydieren soll, ist eine Energiemenge notwendig, welche entweder durch die Gewichtsdifferenzen der heißen im Schornstein befindlichen Rauchgassäule gegenüber einer gleich großen Luftsäule von der augenblicklich herrschenden Außentemperatur erzeugt — der sogenannte natürliche Zug — oder auch durch Verwendung saugender resp. drückender Ventilatoren — den sogenannten künstlichen oder mechanischen Zug — gebildet wird. Die gesamt aufzuwendende Arbeit zur Zugerzeugung zerfällt in zwei wesentlich verschiedene Momente:

1. in die Arbeit zur Erzeugung der eigentlichen Zuggeschwindigkeit selbst und

Die Zuggeschwindigkeitsmessung.

2. in die Arbeit zur Überwindung der Widerstände auf dem Rost und innerhalb der Heizfläche des Dampfkessels.

Zur Erzeugung der eigentlichen Zuggeschwindigkeit v in Metern pro Sekunde ist ein Druckunterschied p_0 erforderlich, welcher sich nach der Formel

$$p_0 = \frac{v^2}{2\,g} \cdot s,$$

in welcher g die Beschleunigung durch die Schwere und s das Gewicht eines Kubikmeters des bewegten Gases im Kilogramm bedeutet, berechnen läßt.

Der durch die Widerstände notwendige Druckunterschied r läßt sich für die hier in Frage kommenden Verhältnisse durch eine Formel nicht ausdrücken, weil die Widerstandsmomente auf der Rostfläche, innerhalb der Feuerzüge etc., variabler Natur sind.

Die Gesamtarbeit zur Zugerzeugung p_1 endlich läßt sich nach der Formel

$$p_1 = \frac{v^2}{2\,g} \cdot s + r$$

darstellen.

In welchem Verhältnis die Werte p_0, r und p_1 zu einander stehen, zeigt der nachstehend mitgeteilte Versuch an einem Wasserrohrkessel von 425 qm Heizfläche und 6,41 qm totale, 1,64 qm effektive Rostfläche.

Stündlich verfeuerte Kohlenmenge . . = 723,11 kg
Stündlich pro 1 qm Rostfläche verfeuerte
    Kohlenmenge . . . . = 112,81 kg
Sekundlich verfeuerte Kohlenmenge   = 0,200 kg
Luftbedarf pro 1 kg Kohle bei 1,79 fachem Luftüberschuß = 14,06 cbm = 14,51 cbm Rauchgase.
Rauchgaszusammensetzung:

    CO_2 O H_2O N
10,11% 8,06% 3,31% 78,72%.

Temperatur der Verbrennungsluft = 17,8° C.,
    s = 1,217 kg.

Luftweg durch die Aschklappen bis unter den Rost	Querschnitt der Lufteintrittsöffnung = 1,258 qm; sekundlich = 2,813 cbm Luft; v = 2,235 m/sek. p_0 = 0,371 mm; r = 0,449 mm; p_1 = 0,82 mm Wassersäule.
Luft-Rauchgasweg durch den Rost, die Kohlenschicht bis über die Feuerbrücke zum Heizflächenanfang	Querschnitt der Rauchgaseintrittsöffnung zum Heizflächenanfang = 0,868 qm; Temperatur der Rauchgase 1089° C., s = 0,265 kg; sekundlich = 14,279 cbm Rauchgas: v = 16,455 m/sek. p_0 = 3,520 mm; r = 7,180 mm; p_1 = 11,52 mm Wassersäule.
Rauchgasweg von Anfang bis Ende Heizfläche in den Fuchs.	Querschnitt der Rauchgasaustrittsöffnung in den Fuchs = 1,362 qm Temperatur der Rauchgase 304,5° C.; s = 0,636 kg sekundlich = 5,951 cbm Rauchgas; v = 4,376 m/sek. p_0 = 0,620 mm; r = 16,790 mm; p_1 = 28,93 mm Wassersäule.

Der Wert p_1 am Heizflächenende wird mithin

28,93 mm Wassersäule,

welcher sich wie folgt zusammensetzt:

Lufteintrittsgeschwindigkeit	= 0,371 mm p_0	
Reibungsarbeit hierbei	=	0,449 mm r
Luftrauchgasgeschwindigkeit bis Anfang Heizfläche	= 3,520 mm p_0	
Reibungsarbeit hierbei	=	7,180 mm r
Rauchgasgeschwindigkeit bis Ende Heizfläche	= 0,620 mm p_0	
Reibungsarbeit hierbei	=	16,790 mm r
Σ =	4,511 mm p_0;	24,419 mm r

$p_1 = (p_0 + r) = 28{,}93$ mm Wassersäule.

Mithin beträgt die zur Überwindung der Widerstände notwendige Arbeit 5,91 mal soviel von der zur eigentlichen Geschwindigkeit nötigen Energie. Diese Beziehungen sind in der Figur 3 räumlich dargestellt, der Gesamtgasweg ist abgewickelt gezeichnet; es bedeutet E den Lufteintritt, R die Rostfläche, Fe die Feuerbrücke mit dem Heizflächenanfang H Fl, Fu endlich den am Heizflächenende anschließenden Fuchs. Man ersieht, wie äußerst gering der zur Erzeugung der eigent-

Die Zuggeschwindigkeitsmessung. 17

lichen Zuggeschwindigkeit notwendige Druckunterschied p_0 wird, während der Reibungswiderstand r beträchtlich viel größer ist.

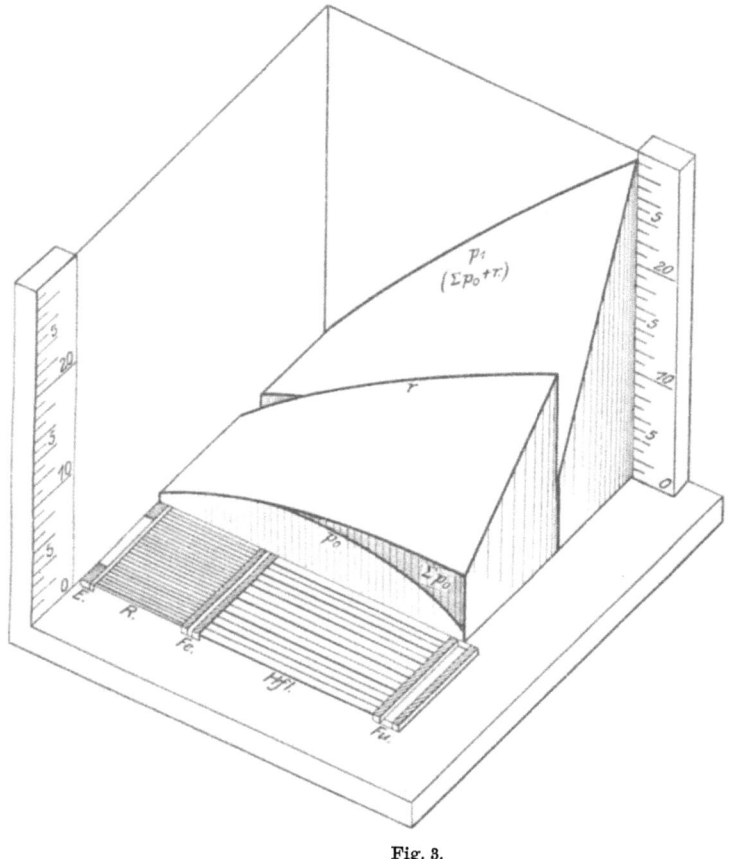

Fig. 3.

Die Summation dieser Werte gelangt in der Kurve p_1 zum Ausdruck, das ist der Wert, der durch ortsübliche Zugmessung als Zugzahl in Millimetern Wassersäule ausgedrückt wird.

Die Zugzahl wird sowohl über dem Rost als auch im Fuchs kurz vor dem Essenschieber ermittelt, d. h. sowohl am Anfang als auch am Ende der Heizfläche, indem man durch Fuchs.

entsprechende Manometer den Unterdruck an diesen Stellen gegenüber dem augenblicklich herrschenden Atmosphärendruck in Millimetern Wassersäule ermittelt. Es liegt klar auf der Hand, daß bei gleicher Belastung der Rostfläche mit gleichem Brennstoff und gleichem Luftüberschuß das erzeugte Rauchgasquantum konstant ist und daß deshalb die Gasgeschwindigkeit innerhalb der Heizfläche ebenfalls gleich bleiben muß.

Die Summa p_1 ist mithin in diesem Fall innerhalb der Heizfläche H. Fl. konstant:

$$p_1 = (p_0 + r\,H.\,Fl.) = konst.$$

Mit der Zunahme der Zeitdauer der gleichen Rostbelastung etc. wächst jedoch die Schichthöhe der Rückstände aus dem Brennmaterial auf der oberen Rostfläche Rfl. an; man erhält mithin für p_1 von Anfang Lufteintritt bis Ende der Heizfläche zwei verschiedene Funktionen, nach welcher die Geschwindshöhe p_0 konstant und der Reibungswiderstand r als Funktion der Zeit t auftritt:

$$p_1 = p_0 + r\,H.\,Fl. + p_0\,Rfl. = konst. + r\,Rfl. = f\,t.$$

Das heißt nun nichts anderes, als daß die Summe sämtlicher Druckdifferenzen p_1 kein Maß für die Geschwindigkeit resp. das Quantum der entwickelten Rauchgase abgibt, sondern daß verschiedene p_1 gleichen Luft- resp. Rauchgasmengen entsprechen können. Der Ausdruck p_1 gibt also weder eine Maßgabe für die Gasmengen, welche die Kesselheizfläche durchströmen, noch eine Relation irgendwie hierfür an und ist deshalb mit dieser Erkenntnis für die Betriebsaufsicht einer Feuerung garnichts gewonnen. Ferner gibt diese Zugmessung auch keine in sinngemäßer Folge verlaufende Angaben, sodaß z. B. bei großer Zugzahl eine kleinere Luftmenge durch den Rost tritt und umgekehrt. Stellt man sich die Saugekraft der Esse als konstant vor, so gehen pro Zeiteinheit proportionale Mengen Luft- resp. Rauchgas durch die Heiz- und Rostfläche. Der Druckunterschied gegenüber dem Atmosphärendruck wird nunmehr nur noch durch die Widerstände r beeinflußt, da p_0 mit $v = konst.$ auch konstant bleibt. Ist nun der Rost ganz frei, so fließt die Luft mit kleinerem Widerstand r als bei bedecktem Rost ab, das heißt die Summa der Ausschläge p_1 ist klein, trotzdem die Luftgeschwindigkeit ein Maximum erreicht hat. Wird der Rost nun immer mehr und mehr mit Brennstoff resp. Rückständen aus denselben bedeckt, so wächst der Widerstand r bedeutend, während v immer mehr und mehr abnimmt; das heißt die Zugzahl wird größer, trotzdem die Geschwindigkeit des Rauchgases und damit auch das Quantum kleiner wird.

Deshalb steigt beim Schließen der Zugluftklappen, trotzdem in diesem Fall gar keine Luft zum Rost fließt, die Zuganzeige an, während beim Öffnen der Feuertür die Zuganzeige fällt, trotzdem die Luftgeschwindigkeit durch Ausschaltung des Rostwiderstandes erheblich größer geworden ist.

Schaltet man nun die variablen Reibungswiderstand besitzende Rostfläche ab und bestimmt nur noch die Summa p_1 zwischen Anfang und Ende der Heizfläche, so erhält man, da ja r H. Fl. mit genügender Genauigkeit als konstant angenommen werden kann und nur v variabel ist, Beziehungen, die sinngemäß verlaufen, d. h. bei größerer Geschwindigkeit größere Zugzahl anzeigen etc.

Zur Ausführung solcher Messungen hat man nur nötig, den einen Schenkel eines Manometers mit dem Raum über dem Rost gleich Anfang der Heizfläche zu verbinden, während der andere Schenkel in den Fuchs gleich Ende der Heizfläche mündet.

Diese Differenzmessung zwischen Heizflächenanfang und -ende ergibt z. B. im direkten Gegenteil zur Zugmessung bei zunehmender Verschlackung des Rostes geringere Ausschläge, welche, wenn gar keine Luft mehr durch den Rost tritt, schließlich Null werden, weil v = 0 und r Anfang und Ende Heizfläche hierbei ebenfalls 0 wird.

Man kann mit Differenzzugmessungen die zur Verfügung stehende Schornsteinenergie in ihren Werten festlegen, wenn man Versuche mit wechselnder Rostbelastung und wechselndem Luftüberschuß durchführt und hierbei diejenigen Luftmengen ermittelt, die effektiv durch die Feuerung gegangen sind.

An dem vorerwähnten Kessel sind zu diesem Zweck je ∼ 50, 70, 90 und 110 kg Steinkohlen pro Stunde und Quadratmeter Rostfläche mit dem größtmöglichen als auch mit dem denkbar kleinsten Luftüberschuß verfeuert worden.
Es wurde beobachtet:

Versuch No.	1	2	3	4	5	6	7	8
Rostbelastung pro Stunde und 1 qm	52,15	51,86	67,95	68,05	92,38	91,49	110,73	112,81 kg
Theoretisch notwendige Luftmenge pro 1 kg Brennstoff	9,51	9,50	8,84	8,88	9,55	9,20	9,50	9,20 kg
Luftüberschußkoeffizient	1,63	2,75	1,55	2,68	1,31	2,09	1,27	1,79fach
Luftquantum pro Sekunde durch den Rost tretend	1,439	2,414	1,664	2,882	2,057	3,131	2,377	3,306 kg

Zieht man den effektiven Querschnitt der Rostfläche (1,638 qm) in Betracht, so erhält man folgende Lufteintrittsgeschwindigkeiten bezogen auf Kilogramm:

Versuch No.	1	2	3	4	5	6	7	8
v in m/sek.	0,878	1,473	1,015	1,757	1,255	1,911	1,451	2,019

Die Kurve, Figur 4, zeigt den Zusammenhang zwischen Gasgeschwindigkeit bezogen auf Kilogramm und Differenzzugangabe. Hiermit ist ein Mittel gegeben, um die Belastung einer Rostfläche zurückrechnen zu können.

Erfordert z. B. 1 kg Brennstoff theoretisch ∼ 9 kg Luft, ist ferner der Luftüberschuß L_v zu 1,72 fach ermittelt, so gelangen effektiv 15,3 kg Luft zum Oxydieren des Brennstoffes in die Feuerung.

Hierbei betrage die Angabe der Differenzzugmessung 12 mm Wassersäule, d. h. es ist eine Eintrittsgeschwindigkeit von $v = 1{,}58$ m/sek. vorhanden.

Die Zuggeschwindigkeitsmessung. 21

Pro Stunde würde man erhalten:

Q · v · 3600 = 1,638 · 1,58 · 3600 = 9316 kg Luft.

Da nun 1 kg Kohle 15,3 kg Luft erfordert, hat man 9316 : 15,3 gleich 608,8 kg Kohlen stündlich verfeuert, die Rostflächenbelastung pro Stunde und qm beträgt mithin

94,9 kg Brennstoff.

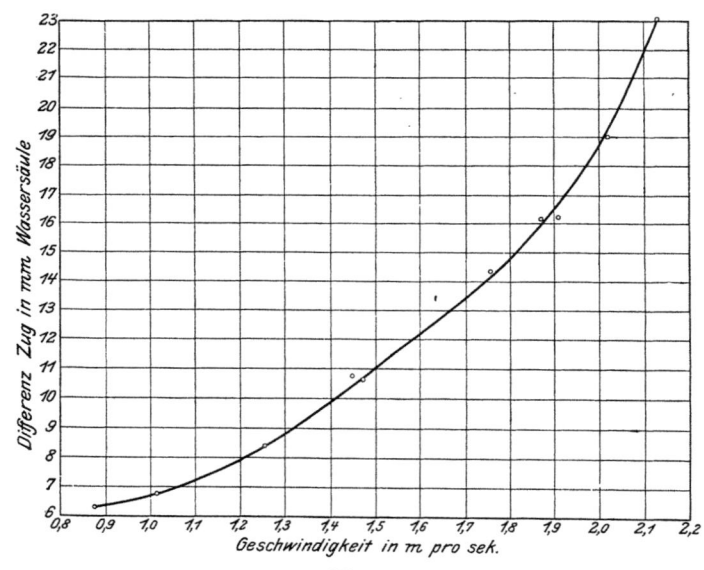

Fig. 4.

Die Versuche mit hohem Luftüberschuß, also die No. 2, 4, 6 und 8 sind allesamt bei voller Wirkung der vorhandenen Schornsteinenergie, also bei ungedrosseltem Querschnitt, durchgeführt. Vergleicht man nun die Endtemperaturen, die Differenzzugangabe, die Eintrittsgeschwindigkeit und die pro Sekunde effektiv angesaugte Luftmenge in Kilogrammen, so erhält man den Zuwachs der Leistungsfähigkeit der Esse als Funktion einer größeren Temperaturdifferenz zwischen Luft- und Rauchgassäule, in diesem Fall beispielsweise:

Versuch No.	2	4	6	8
Endtemperatur am Heizflächenende	241° C.	259° C.	272° C.	305° C.
Differenzzugzahl	10,66	14,36	16,18	18,91 mm
Geschwindigkeit m/sek. .	1,4673	1,757	1,911	2,019 m
Angesaugte Luft pro Sekunde	2,414	2,882	3,136	3,306 kg
Zuwachsverhältnis, Versuch No. 2	100 %	119 %	129 %	136 %

Auf diese Weise verwendete Differenzzugmessungen geben einen wertvollen Fingerzeig über viele für die Aufsicht von Feuerungsanlagen notwendige Momente.

6. Die Beziehungen der einzelnen Komponenten der Brennstoffe zum Betriebswert derselben.

Die Verschiedenheit der Eigenschaften der Brennmaterialien erreicht bei dem als Steinkohle bekannten Brennstoff ein Maximum und soll hier infolgedessen auf denselben besonders eingegangen werden. Für die Beurteilung der Betriebsbrauchbarkeit ist nicht etwa der Heizwert allein maßgebend, sondern hierfür ist vielmehr die chemische Zusammensetzung von wesentlicherer Bedeutung. Die Heizwertbestimmung selbst bietet für die Erkenntnis der Betriebsbrauchbarkeit einer Steinkohle insofern geringen Anhalt, als die unter Berücksichtigung des bekannten Nutzeffektes einer Dampfkesselanlage berechnete Verdampfungsfähigkeit nur dann gewährleistet wird, wenn die Gesamteigenschaften der Steinkohlen genau dieselben sind, wie der bei der Ermittelung des Wirkungsgrades der Kesselanlage verwandten. Dieser Fall tritt jedoch nicht immer ein, weil ja meist Gegenstand der Beurteilung eine in ihren Eigenschaften unbekannte Kohlensorte ist. Somit ist auch ein Rückschluß auf die Verdampfungsfähigkeit einer Kohle aus dem Heizwert ohne weiteres nicht angängig.

Die Brennstoffe.

Zur chemischen Zusammensetzung übergehend, bringen die brennbaren Komponenten der Steinkohle folgende wesentliche Erscheinungen beim Oxydieren mit sich.

Kohlenstoff.

Kohlenstoff in reiner Form ist äußerst schwer entzündlich und verbrennt langsam mit sehr kurzer, wenig leuchtender Flamme, weil ein Berühren resp. Mischen desselben mit dem Luftsauerstoff nur an seiner Oberfläche vor sich gehen kann. Als Beispiel hierfür kann das in Feuerungsbetrieben verwandte kohlenstoffreichste Brennmaterial, der Anthrazit, angeführt werden.

Wasserstoff beziehungsweise Kohlenwasserstoff.

Der in den Brennmaterialien vorhandene Wasserstoff ist nicht im freien Zustande, sondern an Kohlenstoff gebunden als Kohlenwasserstoff vorhanden. Derselbe ist für die Verwendungsfähigkeit von Steinkohlen von großer Bedeutung. Beim Erhitzen tritt zuerst eine trockene Destillation ein, wobei sämtliche Kohlenwasserstoffe ausgetrieben werden, z. B. als Methan, CH_4, Äthylen, C_2H_2 etc. Im Gegensatz zum festen Kohlenstoff hat man es hier mit gasförmigen Produkten zu tun, welche sich viel inniger mit dem Luftsauerstoff mischen und infolgedessen praktisch mit einem weitaus geringeren Luftüberschuß als der Kohlenstoff selbst oxydiert werden können. Zur vollkommenen Verbrennung zu CO_2 und H_2O bedarf es jedoch neben dem Sauerstoff auch noch einer gewissen Temperatur, der Entzündungstemperatur, welche unbedingt notwendig ist, um den Oxydationsprozeß einzuleiten; andererseits zerfallen nun aber gewisse Kohlenwasserstoffe bei den Temperaturen, welche für die Verbrennung der vorerwähnten Anteile notwendig sind, in einfachere Verbindungen, z. B. Äthylen in Methan und Kohlenstoff etc. Während das gasförmige Methan leicht verbrennt, befindet sich der' Kohlenstoff, wenn genügend Luftsauerstoff und Temperatur vorhanden ist, äußerst fein zerteilt als weißglühender leuchtender Körper in der Flamme. Entzieht man nun entweder die Luft oder vermindert man die Temperatur, beispielsweise durch vorzeitiges Berührenlassen der weißglühenden Flamme an der um vieles geringer temperierten Heizfläche, so findet eine sofortige Sublimation statt, es bildet sich Ruß. Da nun, wie eingangs

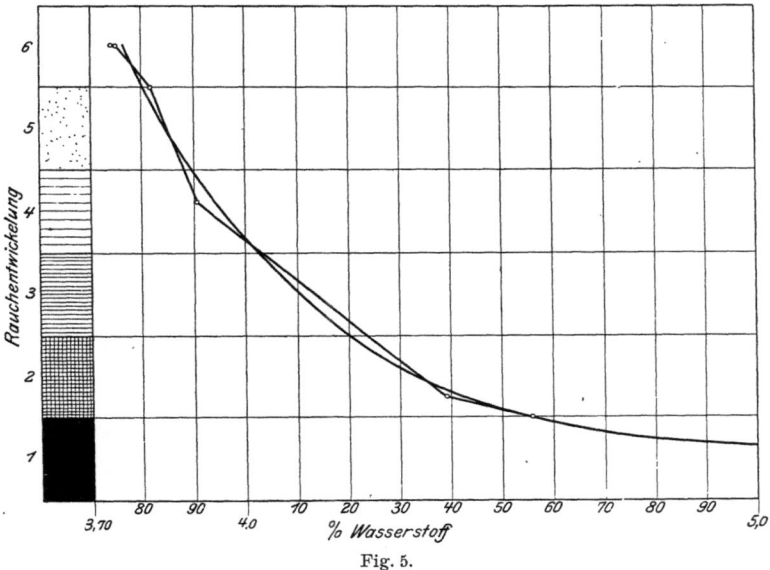

Fig. 5.

beim Kohlenstoff erwähnt, ein Verbrennen desselben zu Kohlensäure nur unter schwierigen Umständen vor sich geht, erscheint derselbe hier auch immer als Produkt unvollkommener Verbrennung sichtbar an der Essenmündung. Man erkennt hieraus, daß die Möglichkeit der Ruß- resp. Rauchentwicklung als Funktion des Kohlenwasserstoffs- resp. des Wasserstoffgehaltes der Brennmaterialien aufgefaßt werden kann.

Beobachtet man an einer und derselben Feuerungsanlage bei Verfeuerung mit gleichem Luftüberschuß und bei gleicher Rostbelastung unter Verwendung verschiedenartig zusammengesetzter Brennstoffe die Rauchentwicklung, so erhält man Be-

Die Brennstoffe.

ziehungen, welche das Maß der Rauchbildung als Funktion des Wasserstoffgehaltes enthalten. Für die Feuerungsanlage des hier erwähnten Dampfkessels ergeben sich beispielsweise die in dem Diagramm Figur 5 dargestellten Abhängigkeitsverhältnisse.

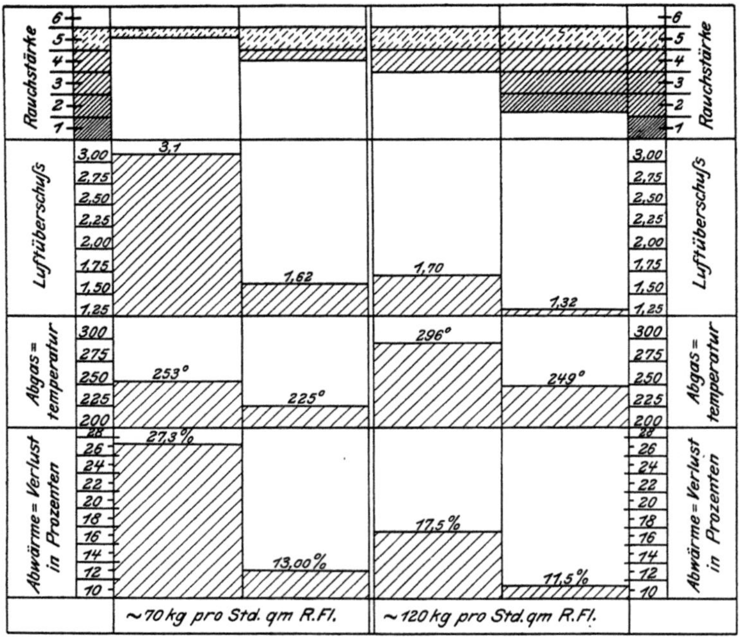

Fig. 6.

Es ist selbstverständlich nötig, bei Vornahme solcher Versuche für möglichst gleiche Zustandsbedingungen zu sorgen, welche sich sogar bis auf die Beleuchtung und den Hintergrund der Esse — Bewölkung oder klarer Himmel — erstrecken müssen, da gegenteilig das Resultat sowohl von mehr oder weniger großem Luftüberschuß als auch von dem pro Zeit und Flächeneinheit verfeuertem Quantum des Brennstoffes und dem Hintergrunde, von welchem sich die Rauchmassen abheben sollen, abhängig ist.

In dem Diagramm Figur 6 sind die Versuchsergebnisse derartiger Beobachtungen graphisch zum Ausdruck gebracht. Man erkennt klar, daß das größere Unvermögen der Feuerungsanlage, vollkommen zu verbrennen, wächst mit der Rostbelastung und daß die Sichtbarkeit der Rußentwicklung abnimmt mit der Zunahme des Luftüberschusses resp. der größeren Verdünnung der Rußrauchgasmischung. Ferner sei noch bemerkt, daß ein und dieselbe Rußmenge, welche bei bewölktem Himmel als mittelstarker Rauch bezeichnet wird, bei sonnenklarem Wetter kaum als Rauch zu bemerken ist.

Die Konsequenzen dieser Erfahrungen lassen sich auch dahin formulieren, daß die namentlich in Städten als Kalamität betrachtete Rauchentwicklung der Feuerungsanlagen einfach durch geeignete Auswahl des Brennmaterials behoben werden kann, was leider jedoch nicht geschieht. Das dem effektiv so ist, zeigen die hier mitgeteilten und über längere Zeitabschnitte ausgedehnten Versuche.

Es handelte sich in diesem Fall um ein Kohlenwasserstoff und damit auch wasserstoffreiches Brennmaterial A und einem sehr wasserstoffarmen Brennmaterial B, nebenbei bemerkt, einem Kokereiprodukt.

Mischt man diese beiden Brennstoffe, so muß der mittlere Wasserstoffgehalt der Mischung je nach der Art der Verteilung der beiden Fraktionen selbst variieren. Die Zusammensetzung war folgende:

Brennstoff	A	B
Kohlenstoff	74,92	76,15 %
Wasserstoff	**4,71**	**1,10 -**
Sauerstoff	5,75	2,51 -
Stickstoff	0,84	1,12 -
Wasser	4,86	2,20 -
Rückstände	8,92	16,92 -
Nutzbarer Heizwert	7265 W. E.	6391 W. E.

Im Mittel aus einem 64 stündigen Versuch mit dem Brennstoff A ergab sich:

Stündlich verfeuerte Kohlenmenge pro 1 qm Rostfläche . . 92,68 kg
Stündlich verdampfte Wassermenge pro 1 qm Heizfläche . . 14,09 -

Die Brennstoffe. 27

Pro 1 kg Kohle erzeugt Kilogramm Dampf von je 637 W. E. 8,19 kg
Luftüberschußkoeffizient . . . . 1,42 fach
Rauchstärke . . . . sehr stark
Nutzeffekt der Dampfanlage . . . . 72,03 %.

Das zu sehr starker Rauchentwicklung Veranlassung gebende Brennmaterial A wurde nun mit dem Brennstoff B in einem Verhältnis von A = 80 kg, B = 20 kg gemischt. Die hieraus resultierende Zusammensetzung ergibt sich zu

Kohlenstoff . . . . . . 75,16 %
Wasserstoff . . . . . 3,98 -
Sauerstoff . . . . . . 5,10 -
Stickstoff . . . . . . 0,89 -
Wasser . . . . 4,32 -
Rückstände . . . . . . 10,55 -
Nutzbarer Heizwert . . . 7058 W. E.

Im Mittel mit dieser Mischung ergab sich nunmehr in einem 64 stündigen Versuch:

Stündlich verfeuerte Kohlenmenge pro 1 qm Rostfläche . . 86,95 kg
Stündlich verdampfte Wassermenge pro 1 qm Heizfläche . . 13,12 -
Pro 1 kg Kohle erzeugt Kilogramm Dampf von je 637 W. E. 8,01 -
Luftüberschußkoeffizient . . . . 1,48 fach
Rauchstärke . . . . mittelschwach
Nutzeffekt der Dampfanlage . . . . 72,29 %

Durch die Mischung ist der Heizwert etwas heruntergegangen, ebenso aber auch der Wasserstoffgehalt von 4,71 auf 3,98%, was zur Folge hat, daß bei annähernd gleicher Rostbelastung und gleichem Luftüberschuß die Rauchentwicklung um ein erhebliches vermindert worden ist, ohne daß irgendwelche nachteilige Wirkungen für den Feuerungsprozeß sich einstellten.

Die nicht brennbaren Komponenten der Steinkohlen lassen folgende wesentlichen Eigenschaften erkennen:

Wasser.

Der Wärmewert der Brennmaterialien wird durch den Gehalt an Wasser bedeutend herabgesetzt. Feuchte Kohlen besitzen natürlich um so viel weniger Brennstoff, als die Differenz nach Abzug des in Gewichtsprozenten angegebenen Wassers beträgt. Ein. weiterer Übelstand ist die Wärmeabsorption des Wassers während des Verfeuerungsprozesses. Während dasselbe flüssig, z. B. mit 20^0 C., bei einer hierbei besitzenden Flüssigkeitswärme von 20,01 W. E. pro Kilogramm in die Feuerung gelangt, verläßt dasselbe die Dampfkesselheizfläche als Dampf von atmosphärischer Spannung, beispielsweise mit 250^0 C. im überhitzten Zustande mit 693,46 W. E.

Rückstände.

Große Wichtigkeit für den Betriebswert hat der mehr oder minder große Gehalt an mineralischen Bestandteilen, die Asche der Brennstoffe, weil dieselbe einen Einfluß auf die Rostbetriebsdauer ausübt. Unter Rostbetriebsdauer ist hier diejenige Zeitdauer verstanden, welche, natürlich bei gleichen Bedingungen, verstreicht, ehe der Rost infolge von Luftmangel, geboten durch großen Widerstand, abgeschlackt werden muß. Sind also die dynamischen Effekte der Zugansaugungsanlage konstant, so wird bei einem bestimmten Schlackengehalt des Brennmaterials nur eine bestimmte und sich immer gleichbleibende Rostbetriebsdauer möglich sein. Um eine rechnerische Beziehung hierfür zu erhalten, sind einige aus Versuchen herrührende Daten so verwertet worden, daß als Endergebnis diejenige Rostbeanspruchung in Kilogramm Brennmaterial resultiert, welche beispielsweise speziell in dem hier angeführten Fall als Normallast pro Stunde und Quadratmeter Heizfläche 12 kg Dampf mit je ~ 622 zuzuführenden W. E. (weil 10 kg Überdruck und 40^0 temperiertes Speisewasser vorhanden) zu erzeugen im stande ist.

Die aus dem bekannten Gehalt an Rückständen im Brennmaterial berechnete Schlackenmenge, welche sodann pro Stunde und 1 qm Rostfläche erhalten wird, ist als Funktion für die Rostbetriebsdauer verwertet worden.

Aus einer ganzen Anzahl von Versuchen wurden folgende Mittel erhalten:

Die Brennstoffe. 29

Rostbetriebsdauer in Stunden . .	2	$3^1/_2$	5	6	7
Kilogramm Rückstände pro Stunde und Quadratmeter Rostfläche .	35,3	16,4	13,4	11,0	10,6

Erhält man demnach bei obigem Normalbetrieb pro Stunde und Quadratmeter Rostfläche ~ 14 kg Rückstände, so ist der dem Luftzutritt gebotene Widerstand nach $\sim 4^1/_2$ Stunden so

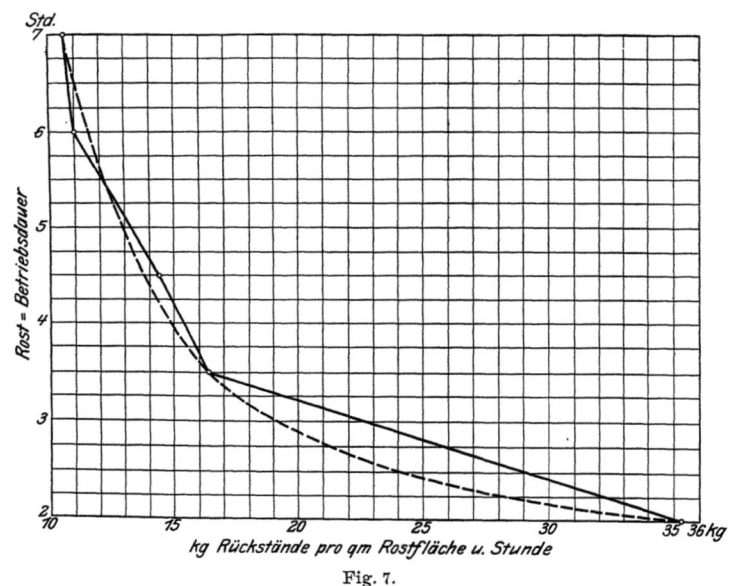

Fig. 7.

groß, daß das Abschlacken geboten erscheint. In dem Diagramm Figur 7 befindet sich eine Zusammenstellung dieser Bedingungen.

Aus den hier eingangs erwähnten Verhältnissen bei der Mischung des Luftsauerstoffs mit dem festen Kohlenstoff und den gasförmigen Kohlenwasserstoffen läßt sich weiter folgern, daß, trotzdem gasreiche Kohlen theoretisch zum Oxydieren nicht sehr viel weniger Luft wie gasarme Kohlen erfordern, bei gegebener Sauganlage pro Zeiteinheit mehr gasreiche als gasarme Brennstoffe verfeuert werden können, weil erstere einfach infolge besserer Mischung mit dem Luftsauerstoff prak-

Die Wärmeerzeugung.

tisch auch mit kleinerem Luftüberschuß verfeuert werden können. Beispielsweise wurde erhalten:

Kohlenstoffgehalt	77,80 %	67,52 %
Wasserstoffgehalt	3,82 -	4,39 -
Bei gleichem Unterdruck wurden pro Stunde und Quadratmeter Rostfläche verfeuert	84,2 kg	131,2 kg
Theoretischer Luftbedarf	9,987 kg	8,273 kg
Luftüberschußkoeffizient	2,04 fach	1,70 fach
Luftgewicht, stündlich zugeführt . . .	1715 kg	1770 kg
Nutzbarer Heizwert	7236 W. E.	6640 W. E.

Entgegengesetzt dem aus dem Heizwert abzuleitenden Resultat ist der Brennstoff mit dem geringeren Wärmewert für den Betrieb zum mindesten ebenso wertvoll als der Brennstoff mit dem größeren Heizwert.

Faßt man die hier zum Ausdruck gebrachten Erfahrungen kurz zusammen und bezeichnet man mit Dampfleistungsfähigkeit eines Brennmaterials den summarischen Ausdruck der Verwendbarkeit desselben in diesem oder jenem Feuerungsbetriebe, so erhält man hierfür zwei wesentliche Eigenschaften, nämlich

1. die Verdampfungsfähigkeit, d. h. den nutzbaren Heizwert und
2. die Verfeuerungsfähigkeit, d. h. die Summa der Funktionen seiner brennbaren und unbrennbaren Bestandteile.

Beide Eigenschaften beachtet, lassen eine Wertbestimmung eines Brennstoffes erst zu.

Ein Beispiel endlich für die Verwendbarkeit der angeführten Erfahrungen läßt dieselben wie folgt erkennen:

Heizfläche des Dampfkessels 250 qm
Rostfläche der Feuerungsanlage 5 -

Zusammensetzung des unbekannten Brennstoffes:

C	H	Rückstände
73,20%	4,30%	8,24%.

Nutzbarer Heizwert . . . . ∼ 7200 W. E.
Nutzeffekt der Dampfanlage, bei welcher der Brennstoff
 verwandt werden soll . . . . ∼ 68 %
Stündlich zu erzeugende Dampfmenge . . . . . . ∼ 3000 kg
Pro 1 kg Dampf erforderlich . . . . ∼ 625 W. E.
1 kg Kohle wird erzeugen . . . . ∼ 7,82 kg Dampf
Stündlich zu verfeuernde Kohlenmenge . . . . . . ∼ 383 kg
Stündlich pro 1 qm sich bildende Rückstandmenge . ∼ 6,5 kg
Rostbetriebsdauer . . . . gut ∼ 7 Stunden
Rauchentwicklung . . . . stark
Bemerkungen: Der Brennstoff ist preiswert und bis auf die Rauchentwicklung empfehlenswert.

7. Der Nutzeffekt des Feuerungsprozesses.

Die in dem Feuerungsprozeß freiwerdende Wärmemenge muß bei vollkommenen Verhältnissen identisch sein mit der in dem Brennstoff vorhandenen. Bezeichnet man mit Hw die theoretische Wärmemenge, mit L_p die tatsächlich angewandte Luftmenge, mit t die Temperatur der zuströmenden Luft, mit Rg die effektiv erzeugte Rauchgasmenge, mit T die Temperatur des Rauchgases und mit cp_L und cp_{Rg} die spezifischen Wärmen der Luft und des Rauchgases pro Kilogramm, so ist der Wärmewert des aus 1 kg Kohle gebildeten Rauchgases:

$$Hw = T \cdot cp_{Rg} \cdot Rg - t \cdot cp_L \cdot L_p.$$

Umgekehrt ist die Anfangstemperatur der Rauchgase auf dem Rost

$$T = \frac{Hw + L_p \cdot cp_L \cdot t}{Rg \cdot cp_{Rg}}.$$

Der Faktor, welcher den Nutzeffekt der Feuerung rein kalorimetrisch beeinflußt, liegt einfach darin, daß die Gesamtmenge des zu verfeuernden Materials wirklich ohne jeden Verlust in Rauchgas umgesetzt wird. Bezeichnet man mit Δ in Prozenten die vom Gesamtquantum nicht in Wärme umgesetzte Brennstoffmenge, sowie ferner das durch Strahlung und Leitung abfließende Wärmequantum, so hat man nicht Hw, sondern (Hw — Δ) zu setzen; dieser Verlust entsteht durch Mitentfernen von Brennstoff beim Abschlacken, Durchfallen von Brennstoff durch die Rostspalten, Abführung von aus den Rauchgasen entnommener Wärme durch Wärmestrahlung und -leitung.

Der zweite und wesentlichere Faktor ist in der Anfangstemperatur T gegeben, weil, wie später gezeigt werden wird, der Wärmedurchgang an Heizflächen mit der Zunahme der Temperaturdifferenz wächst und diese eine Funktion der Anfangstemperatur ist.

Wie aus der Formel ersichtlich, steigt die Anfangstemperatur mit der Zunahme Hw und der Abnahme von Δ, ferner mit der Abnahme von L_p und Rg, d. h. mit der Abnahme des Lufttüberschusses, mit welchem das Brennmaterial verfeuert wird.

Mithin ist der günstigste Nutzeffekt des Feuerungsprozesses zu suchen in einer durch geringen Luftüberschuß bedingten hohen Anfangstemperatur und einer möglichst vollkommenen Anteilnahme sämtlichen zur Wärmeerzeugung benutzten Brennstoffes.

Bestimmt man die Anfangstemperatur und die Zusammensetzung des Rauchgases bezogen auf 1 kg Brennstoff, bevor dasselbe Wärme an die sich anschließende Heizfläche abgegeben hat, so erhält man den summarischen Ausdruck des Nutzeffektes der Feuerung nach dem Ansatz

$$\frac{Rg \cdot cp_{Rg} \cdot T - L_p \cdot cp_L \cdot t}{Hw}$$

als den Anteil der in den Rauchgasen wiedergefundenen Wärme zu der im Brennstoff (Hw) vorhandenen.

Einige Beispiele lassen diese Verhältnisse erkennen und zwar hat man es im Fall A mit einem hohen, im anderen Fall B mit einem geringen Feuerungsnutzeffekt zu tun; beiderseits fällt, da $t = 0^0$ beträgt, der Ausdruck ($L_p \cdot cp_L \cdot t$) fort.

Der Feuerungswirkungsgrad.

	A.	B.
Zusammensetzung des Brennstoffes:		
C	72,03 %	71,88 %
H	4,52 -	1,32 -
O	7,80 -	2,84 -
N	1,03 -	0,98 -
Wasser	2,59 -	5,58 -
Rückstände	14,03 -	17,40 -
Theoretisch notwendige Luftmenge L	9,504 kg	8,597 kg
Theoretisch erzeugte Rauchgasmenge R	10,179 -	9,358 -
Theoretischer Heizwert Hw	6504 W. E.	6078 W. E.
Luftüberschußkoeffizient	1,414 fach	2,251 fach
Tatsächlich angewandte Luftmenge L_p	14,438 kg	19,351 kg
Effektiv erzeugtes Rauchgasquantum R_g	15,113 -	20,112 -
Zusammensetzung des Rauchgases am Heizflächenanfang CO_2	13,83 Gew. %	10,36 Gew. %
O_2	7,58 -	12,41 -
H_2O	2,38 -	3,60 -
N	76,21 -	73,63 -
Rauchgastemperatur T	1251° C.	699° C.
Spezifische Wärme cp_{Rg}	0,3260 W. E.	0,2896 W. E.
Wärmemenge der aus 1 kg Kohle gebildeten Rauchgase $Rg \cdot cp_{Rg} \cdot T$	6188,77 W. E.	4071,07 W. E.
Nutzeffekt des Feuerungsprozesses $\dfrac{Rg \cdot cp_{Rg} \cdot T \cdot 100}{Hw}$[1] =	**95,12 %**	**66,97 %**

Im Fall A verliert man mithin trotz hoher Anfangstemperatur nur 4,88 % von der effektiv vorhandenen Wärmemenge, während im Fall B 33,03 % verloren gehen. Die Ursache ist in dem gasarmen Brennstoff zu suchen, welcher schwer entzündlich ist und, um überhaupt zu verbrennen, nur mit großem Luftüberschuß verfeuert werden kann. Es kommen hier die bei der Anführung der einzelnen Funktionen der Komponenten der Steinkohle zum Ausdruck gebrachten Erscheinungen zur Geltung.

---

[1] Hw = 100,00 angenommen.

II. Teil.
Die Wärmeverwendung.

Die durch den Feuerungsprozeß freiwerdende Wärmemenge wird von entsprechenden Heizflächen absorbiert zwecks Erzeugung von Wasserdampf in Dampfkesseln, zur Überhitzung desselben in Dampfüberhitzern und endlich zur Vorwärmung des Speisewassers in Vorwärmern. Die zur Beurteilung der wesentlich in Betracht kommenden Momente der genannten Wärme absorbierenden Heizflächen sind in dem nachfolgenden zweiten Teil besprochen.

8. Die Wärmeaufnahmefähigkeit und der Nutzeffekt der Dampfkesselheizfläche.

Die Wärmeaufnahmefähigkeit der Dampfkesselheizfläche hängt von verschiedenen Umständen ab, welche sich wie folgt kurz zusammenfassen lassen. Die günstigsten Eigenschaften des Wärmegebers liegen in einer hohen Anfangstemperatur und einer möglichst geringen Geschwindigkeit, mit welchen derselbe durch die wärmeaufnehmende Heizfläche fließt, ferner in der größtmöglichsten metallischen Reinheit der inneren und äußeren Heizflächenperipherie und endlich in einer möglichst großen Geschwindigkeit des in Dampf zu verwandelnden Wassers, d. h. in einer möglichst lebhaften Zirkulation desselben innerhalb der Heizfläche.

Das Maß für die aufgenommene Wärmemenge wird meist in der Anzahl der pro Stunde von 1 qm Heizfläche verdampften

Kilogramm Wasser resp. Dampf ausgedrückt. Diese Zahlen sind jedoch nur dann untereinander vergleichbar, wenn die Temperatur des zugeführten Speisewassers und die Gesamtwärme des erzeugten Dampfes gleich sind oder doch wenigstens auf gleiche Basis gebracht werden; als solche gilt für das Speisewasser eine Temperatur von 0^0 C. und für die Gesamtwärme des Dampfes 636,72 W. E., entsprechend Dampf von 1 kg Überdruck.

Hat man beispielsweise pro Stunde und Quadratmeter Heizfläche 18 kg Dampf von 13 kg Überdruck gleich 666,14 W. E. pro kg enthaltend aus Speisewasser von 82^0 C. erzeugt, so erhält man die auf normale Bedingungen reduzierte Heizflächenleistung resp. Beanspruchung nach dem Ansatz

$$\frac{18 \cdot (666,14 - [82 \cdot 1,0093])}{636,72}$$

gleich 16,49 kg Dampf von 636,72 W. E. Erzeugungswärme pro Stunde und Quadratmeter Heizfläche. Die Zahl 1,0093 ist die spezifische Wärme des Wassers bei 82^0 C.; für Temperaturen zwischen 0^0 und 100^0 C. liegen folgende Werte vor:

Temperatur . .	0	10	20	30	40	50^0 C.
Spez. Wärme . .	1,0000	1,0005	1,0012	1,0020	1,0030	1,0040 W. E.
Temperatur . .	60	70	80	90	100^0 C.	
Spez. Wärme . .	1,0056	1,0072	1,0090	1,0109	1,0130 W. E.	

Will man diese Zahl nicht in Kilogramm Dampf von je 636,72 W. E. Erzeugungswärme sondern in W. E. selbst angeben, so erhält man in dem vorerwähnten Beispiel

$$18 \cdot (666,14 - 82,76) = 10\,500,84 \text{ W. E.}$$

pro Stunde und Quadratmeter.

Im dritten Fall endlich wird die von der Heizfläche absorbierte Wärmemenge durch den Wärmedurchgangs- oder Transmissionskoeffizienten k, bezogen auf die mittlere Temperaturdifferenz, ausgedrückt, welcher angibt, wieviel W. E. pro Stunde, Quadratmeter und 1^0 C. Temperaturdifferenz vom wärmegebenden zum wärmeabsorbierenden Medium aufgenommen wurden. Es kommt hier also nicht nur die Heizflächenleistung in Betracht, sondern es wird auch auf den Zustand des Wärmegebers Bezug genommen. Hat man die mittlere Temperaturdifferenz δ_m zwischen wärmegebenden und -absorbierendem Körper ermittelt, so ist k in diesem Fall einfach $\frac{Q}{\delta_m}$, wenn mit Q die pro Stunde und Quadratmeter Heizfläche absorbierte Wärmemenge bezeichnet wird. Man hat es in den hier vorkommenden Fällen immer nur mit zwei Arten des Wärmeaustausches zu tun und zwar:

1. Wärmegeber und Wärmeaufnehmer fließen sowohl außerhalb wie innerhalb der Heizfläche parallel, d. h. sie liegen im Gleichstrom Gl. zu einander.
2. Wärmegeber und Wärmeaufnehmer fließen außerhalb und innerhalb der Heizfläche gegen einander, also in umgekehrter Richtung, d. h. sie liegen im Gegenstrom Gg. zu einander.

Die mittlere Temperaturdifferenz δ_m für diese beiden Zustände erhält man nach Grashof als logarithmische Gleichung zu

$$\delta_m \text{ Gl.} = \frac{(t_{Re} - t_{De}) - (t_{Ra} - t_{Da})}{\log.\text{nat.}\dfrac{t_{Re} - t_{De}}{t_{Ra} - t_{Da}}}$$

und für den Gegenstrom zu

$$\delta_m \text{ Gg.} = \frac{(t_{Re} - t_{Da}) - (t_{Ra} - t_{De})}{\log.\text{nat.}\dfrac{t_{Re} - t_{Da}}{t_{Ra} - t_{De}}}.$$

In diesen Formeln bedeutet t = Temperaturen, R = Rauchgas, D = Dampf resp. Wasser, a = Austritt, e = Eintritt in die entsprechenden Gleich- und Gegenstromheizflächen.

Für eine nach dem Gegenstromprinzip wärmeabsorbierende Dampfkesselheizfläche ist z. B. aus einem Versuch erhalten worden:

t_{Re} . . . . . . 1327° C.
t_{Ra} . . . . . . 255 -
t_{De} . . . . . . 36 -
t_{Da} . . . . . . 180 -

Die Dampfkesselheizfläche.

$$\delta_m = \frac{(1327-180)-(255-36)}{\log.\text{nat.}\dfrac{1327-180}{255-36}} = \frac{928}{\log.\text{nat. }5{,}237} = 561{,}5^0.$$

Da nun Q pro Stunde und Quadratmeter hier 7962 W. E. betrug, erhält man mithin den auf 1^0 Temperaturdifferenz bezogenen Wärmedurchgangskoeffizienten k zu

$$\frac{7962}{561{,}5} = 14{,}17 \text{ W. E.}$$

Inwieweit sich die Wärmeaufnahmefähigkeit einer und derselben Dampfkesselheizfläche bei annähernd gleichen Umständen in Bezug auf die Temperaturverhältnisse t_e und t_a D und bei variablen Temperaturen t_e und t_a R und wechselnden Rauchgasmengen verhält, zeigen einige an dem eingangs erwähnten Dampfkessel vorgenommene Beobachtungen.

In der Versuchsreihe A hat man es mit durchschnittlich hohen Anfangstemperaturen und kleinem Rauchgasvolumen zu tun, d. h. die Wärmeerzeugung geht mit hohem Nutzeffekt vor sich.

Gegenteilige Verhältnisse liegen in der Versuchsreihe B vor.

Versuchsreihe A.

Versuch No.	1	2	3	4	5
Q	4353	4878	7718	7962	9420 W. E.
t_{De}	35,35°	34,05°	36,08°	37,39°	35,41° C.
t_{Da} . . .	180,25°	180,92°	181,33	182,07	181,78 -
t_{Re}	1186°	1173°	1327°	1190°	1143 -
t_{Ra}	241°	240°	255°	287°	311 -
δ_m	504	501	561	544	768 -
k	8,58	9,56	13,75	14,67	12,26 W. E.

Versuchsreihe B.

Versuch No.	6	7	8	9	10
Q	3782	4569	6469	7654	8068 W. E.
t_{De}	40,58°	41,61°	35,35°	34,92	36,20° C.
t_{Da}	179,85°	180,25°	180,90°	180,90°	181,21 -
t_{Re}	935	980	1059	1089	1041 -
t_{Ra}	241	259	272	304	327 -
δ_m	421	449	492	530	609 -
k	8,98	10,17	13,14	14,44	13,24

Das Diagramm Figur 8 zeigt die hier zum Ausdruck gebrachten Abhängigkeitsverhältnisse; die Daten der Versuchsreihe B sind stark ausgezogen, die der Versuchsreihe A sind punktiert zur Darstellung gebracht.

Betrachtet man ferner das Verhältnis der von der Kesselheizfläche absorbierten Wärmemenge zu der am Heizflächenanfang vorhandenen, so erhält man den Nutzeffekt, mit welchem die Wärmeaufnahme vor sich gegangen ist.

Für die Versuche der eben erwähnten Reihe A und B wurden folgende Werte erhalten:

Versuchsreihe A.

Versuch No.	1	2	3	4	5
Am Heizflächenanfang vorhandene Wärmemenge .	2 166 632	2 409 227	3 693 472	3 915 196	4 729 586 W.E.
Von der Heizfläche absorbierte Wärmemenge . . .	1 850 377	2 073 205	3 280 127	3 373 923	4 003 373 W.E.
Nutzeffekt . . .	84,01	86,05	88,80	86,17	84,64 %

Versuchsreihe B.

Versuch No.	6	7	8	9	10
Am Heizflächenanfang vorhandene Wärmemenge .	2 107 031	2 596 218	3 417 974	4 040 727	4 286 682 W.E.
Von der Heizfläche absorbierte Wärmemenge . . .	1 597 672	1 942 156	2 749 562	3 253 204	3 429 004 W.E.
Nutzeffekt . . .	75,82	74,80	80,44	80,51	79,99 %

Das günstigste Verhältnis liegt demnach, wenn ein hoher Feuerungsnutzeffekt vorhanden ist, bei einem Wärmedurchgang von 7718 W. E. = 12,12 kg Dampf von je 636,72 W. E. Erzeugungswärme. In den später abgebildeten Figuren 15a und 15b sind diese Nutzeffektwerte punktiert eingetragen.

Belastet man die Heizfläche geringer oder stärker, so fällt derselbe bis auf 84% herunter. Bei geringem Nutzeffekt der Feuerungsanlage liegt die beste Wärmeaufnahmefähigkeit der

Dampfkesselheizfläche ebenfalls bei einem stündlichen Wärmedurchgang von 7654 W. E. = 12,02 kg Dampf von je 636,72 W. E.; im ungünstigsten Fall geht hier jedoch der Nutzeffekt bis zu 75% herunter.

Mithin erhält man für jede Dampfkesselheizfläche bei einem bestimmten und eindeutigen Wärmedurchgang einen

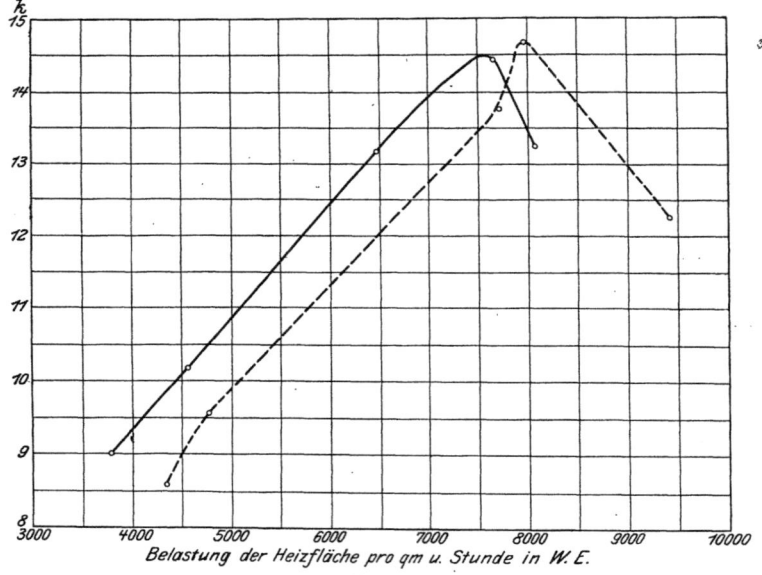

Fig. 8.

maximalen Nutzeffekt derselben, welcher Wert für die Betriebskontrolle wichtig genug ist, um ermittelt zu werden.

Aus der Größe des Wertes k ist ferner erkenntlich, daß bei gleichem Wärmequantum am Heizflächenanfang und bei abnehmender mittlerer Temperaturdifferenz naturgemäß k in dem Maße anwächst, als der Nutzeffekt fällt, z. B.

	Versuch No. 1	No. 6
Am Heizflächenanfang vorhandene Wärmemenge	2 166 632	2 107 031 W. E.
δ_m	504	421
k	8,582	8,985
Nutzeffekt	84,01	75,82

9. Die laufende Ermittelung der Heizflächenbeanspruchung.

Ein Maß für die laufend vor sich gehende Dampfentwicklung an der Heizfläche bietet in erster Linie die Geschwindigkeit des aus dem Hauptdampfentnahmerohr entströmenden Dampfes. Kennt man die Geschwindigkeit v in m/sek. und den Querschnitt $\frac{\pi \cdot d^2}{4}$ des Dampfentnahmerohrs, so ist das pro Stunde durch dasselbe fließende Dampfquantum gleich

$$3600 \cdot v \cdot \frac{\pi \cdot d^2}{4}.$$

Legt man die im Abschnitt 5 des ersten Teiles für die Gasgeschwindigkeit abgeleiteten Beziehungen zu Grunde, so erhält man die gesuchte Dampfgeschwindigkeit v einfach aus der Messung der Druckdifferenz innerhalb einer bestimmten Rohrlänge, z. B. derart, daß man den einen Schenkel eines kommunizierenden Manometers mit der Rohrleitung kurz hinter dem Hauptabsperrventil verbindet, während der andere Schenkel in die gleiche Rohrleitung 1, 2 oder 3 m davon mündet. Der Druckausschlag p_1 wird dann wieder gemäß der Gleichung

$$p_1 = \frac{v^2}{2g} \cdot s + r$$

erhalten werden.

Die Messung der Dampfgeschwindigkeit kann bei der Einfachheit des hierzu nötigen Apparates und der Sicherheit seiner Angaben zu einem bedeutende Wichtigkeit besitzenden Dampfkesselkontrollmethode verwandt werden, wie einige hier mitgeteilte Versuche erkennen lassen.

Im Gegensatz zu der bei der Ermittelung der Rauchgasgeschwindigkeit unmöglichen Ermittelung der Größe r (der zusätzlichen Reibung) ist man hier in der Lage, r annähernd rechnerisch festzulegen. Denn während sich im ersten Fall der freie Querschnitt in der Brennstoffschicht fortwährend ändert, hat man es hier mit einem konstanten Querschnitt, der Dampfrohrleitung, zu tun. Fischer und Gutermuth haben für die Ermittelung von r innerhalb der im Dampfkesselbetrieb vorkommenden Dimensionen folgende Formel angegeben:

Die Heizflächenbelastung. 41

$$r = \frac{15 \cdot 10}{10^8} s \cdot \frac{1}{d} \cdot v^2$$

s bedeutet hier wieder das Gewicht eines Kubikmeters Dampf in Kilogramm, l und d die Länge und den Durchmesser der Dampfrohrleitung und v die Geschwindigkeit in Metern pro Sekunde, r wird in Metern Wassersäule erhalten.

Man kann diese Formel auch

$$0{,}0\,000\,015\,\frac{l}{d} \cdot s \cdot v^2$$

schreiben.

Hat man weiter l und d konstant und zwar in unserem Fall l = 1) 1,500 und 2) 3,000 m, d = 0,175 m, so wird durch weitere Umformung

1. $r = 0{,}00\,001\,285 \cdot s \cdot v^2$ und
2. $r = 0{,}00\,002\,575 \cdot s \cdot v^2$.

Da nun ferner in dem hier angeführten Beispiel s innerhalb der Grenzen 5,1787 und 5,5340 kg/cbm, entsprechend Dampf von 10,25 bis 11,0 kg/qcm absoluter Spannung schwankt, erhält man endlich für r bei

	1.	2.
r 10,25 kg/qcm	$= 0{,}000\,006\,654 \cdot v^2$	$0{,}000\,013\,335 \cdot v^2$
r 10,50 -	$= 0{,}000\,006\,806 \cdot v^2$	$0{,}000\,013\,638 \cdot v^2$
r 10,75 -	$= 0{,}000\,006\,957 \cdot v^2$	$0{,}000\,014\,042 \cdot v^2$
r 11,00 -	$= 0{,}000\,007\,111 \cdot v^2$	$0{,}000\,014\,251 \cdot v^2$

Für den eingangs erwähnten Dampfkessel von 425 qm Heizfläche und für einen mittleren Dampfdruck von 10,50 kg/qcm, s = 5,2966 kg pro 1 cbm, erhält man mithin folgende Ausschläge in Millimetern Wassersäule.

1.

Stündliche Heizflächenbeanspruchung pro qm	Pro Sek. werden erzeugt		v in m/sek.	$p = \frac{v^2}{2g} s$	$r = 0{,}000\,006\,806 \cdot v^2$	$p_1 = p + r$
kg	kg	cbm		mm	mm	mm
8	0,944	0,178	7,41	14,77	3,73	18,50
10	1,180	0,222	9,24	23,04	5,81	28,85
12	1,416	0,267	11,12	30,40	7,73	38,13
14	1,652	0,311	12,95	46,23	11,41	57,64
16	1,888	0,356	14,83	59,32	14,93	72,26

Ferner erhält man für gleiche Heizflächenbeanspruchung im Fall 2 für

r 8 kg = 7,47 mm und für p_1 = 22,24 mm
r 10 - = 11,64 - p_1 = 34,68 -
r 12 - = 15,49 - p_1 = 45,89 -
r 14 - = 22,87 - p_1 = 69,10 -
r 16 - = 29,89 - p_1 = 89,21 -

Gelangt demnach Dampf von 10,5 kg/qcm absoluter Spannung bei einer Beanspruchung der Kesselheizfläche von 16 kg

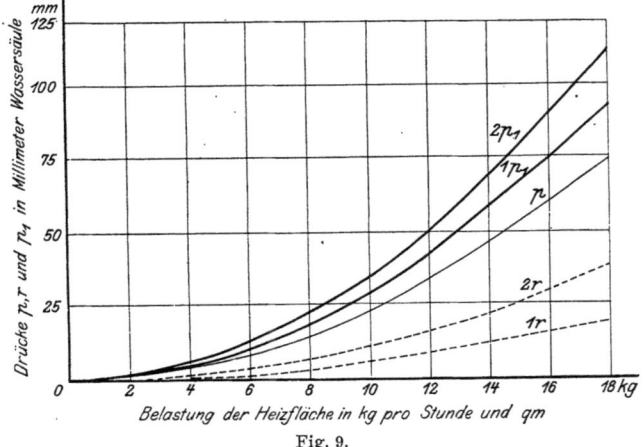

Fig. 9.

pro 1 qm und Stunde durch eine Rohrleitung von 175 mm lichtem Durchmesser an seinen Verwendungsort, so erhält man einen Differenzausschlag von $\sim$ 89,2 mm Wassersäule, wenn man den einen Manometerschenkel 3 m von dem anderen in die Rohrleitung münden läßt.

In dem Diagramm Figur 9 sind die Werte p, r und p_1 für die hier besprochenen Fälle 1 und 2 (1,5 und 3 m Entfernung der beiden Manometermündungsstellen in die Rohrleitung) graphisch dargestellt.

Diese Ausschläge stellen gewissermaßen mittlere Höhen dar, welche effektiv um $\sim$ 10, 15% etc. größer oder geringer bei direktem Versuch ausfallen können. Der Grund hierfür

Die Heizflächenbelastung. 43

ist einmal in der mehr oder minder guten Isolierung der Dampfrohrleitung, welche hierdurch mehr oder minder große Kondensationsmengen erzeugen wird, und ferner in dem je nach der Beanspruchung und Konstruktion der Kesselheizfläche sich bildenden mehr oder minder großen Feuchtigkeitsgehalte des produzierten Dampfes zu suchen.

Deshalb wird man in jedem Fall die Ausschläge, welche zwischen zwei Meßpunkten resultieren, durch Versuch empirisch festlegen.

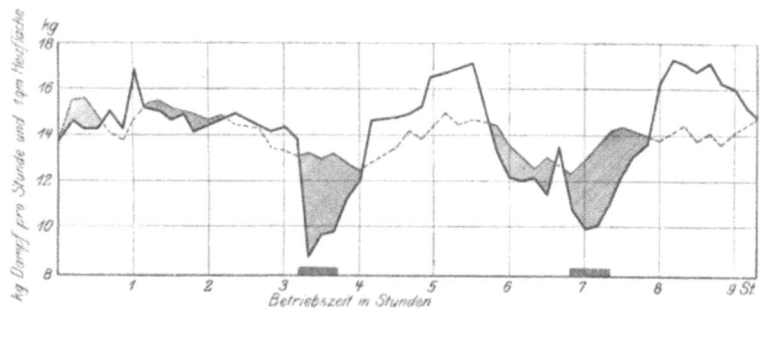

Fig. 10.

Im Diagramm Figur 10 ist ein Betriebsbild des vorerwähnten Dampfkessels gegeben. Die stark ausgezogene Linie stellt die aus den Angaben des Dampfgeschwindigkeitsmessers abgeleitete Belastung der Heizfläche in Kilogrammen pro Stunde und Quadratmeter dar. Naturgemäß geht die Dampfproduktion mit der Zunahme der Rostverschlackung abwärts, um in der Abschlackperiode ein Minimum zu erreichen.

Zu gleicher Zeit ist aus dem Verbrauch des jeweilig verspeisten Wassers die zugehörige Geschwindigkeit umgerechnet und punktiert eingetragen; die Kurven würden sich vollständig decken, wenn einmal das zugeführte Speisewasser gleich dem im abgeführten Dampf vorhandenen analog und wenn die zugeführte Wärmemenge konstant wäre. So hat man z. B. in den Abschlackperioden bedeutend mehr Speisewasser im Kessel, als Dampf denselben verläßt etc.

Mit der Erkenntnis der laufend vor sich gehenden Dampfproduktion und in Verbindung mit den an der Luftansaugungsanlage abgeleiteten Differenzzugzahlen erhält man ein höchst einfaches Maß, welches das für jede Heizflächenbelastung zum Verfeuern der hierzu notwendigen Brennstoffmenge zugehörige Quantum Verbrennungsluft immer so einzustellen gestattet, daß der günstigste Nutzeffekt der Feuerungsanlage in Bezug auf Luftüberschuß resultiert.

So wurde beispielsweise in den vorerwähnten Versuchen auf Seite 20 bei Einhaltung des geringst möglichsten Luftüberschusses erhalten:

Heizflächenbeanspruchung kg Dampf pro Stunde u. qm Rostfl.	Zuggeschwindigkeitszahl mm Wassersäule
7,51 kg	6,03 mm
8,65 -	6,76 -
12,63 -	8,38 -
14,24 -	10,76 -
16,93 -	16,14 -

Würde man den Dampfgeschwindigkeitsmesser mit einer doppelten Teilung versehen, sodaß neben der Belastungsangabe die dem praktisch geringsten Luftüberschuß entsprechende Zuggeschwindigkeitszahl vorhanden ist, so hätte man nach einem Zuggeschwindigkeitsmesser nur dieses Quantum Verbrennungsluft einzuhalten, um gewiß zu sein, daß die zur Dampferzeugung im günstigsten Fall nötige Brennstoffmenge mit dem geringsten Luftüberschuß verfeuert wird.

Das heißt nun nichts anderes, als daß sowohl der Nutzeffekt der Wärmeerzeugungsanlage als der der Wärmeabsorptionsanlage hiermit laufend im besten Verhältnisse zu einander gehalten werden können.

10. Die Verteilung der Wärmemenge innerhalb der Heizfläche und die Wärmebilanz der Dampfkesselanlage.

Bestimmt man von Anfang bis Ende der Heizfläche die Zusammensetzung der wärmegebenden Rauchgase und die vorhandene Temperatur, so kann man aus diesen Zahlen einen Einblick in den Verbleib und die Anteilnahme der Absorption der Wärme von der gesamten Heizfläche erhalten. Es ist von vornherein zu erwarten, daß die bei den höchsten Temperaturen liegenden Anteile der Heizfläche einen größeren Teil Wärme aufnehmen, d. h. mehr Dampf entwickeln als die gegen das Ende liegende Heizfläche, wo wesentlich geringer temperierte Rauchgase vorhanden sind.

Im Anschluß an den im ersten Teil, Abschnitt 7, mitgeteilten Versuch A wurde bei Verwendung des dort mit einem Nutzeffekt von 95,12% gebildeten wärmegebenden Rauchgases, welches eine Dampfkesselheizfläche von ~ 300 qm durchzog, folgender Wärmeverbleib und Verteilung konstatiert:

Meßpunkte innerhalb der Heizfläche:

No. 1	2	3	4
0	17,89	181,87	299,65 qm
0	5,35	59,89·	100,00 %.

Versuchsdauer . . . . 16 Std. 13 Min.
Kohlen, verfeuert total . . . . 14 257 kg
- desgl. pro Stunde . . . . 879,1 -
- desgl. pro Stunde und 1 qm Rostfläche . . 142,9 -
- Zusammensetzung, Heizwert, Luftbedarf etc. siehe Seite 33

Wasser, verdampft total . . . . 99 814 kg
- desgl. pro Stunde . . . . 6 154,8 -
- Temperatur desselben . . . . 34,45° C.

Dampf, Spannung desselben, Kilogramm Überdruck 13,20 kg
- Temperatur desselben . . . . 194,658° C.
- Gesamtwärme desselben . . . . 665,870 W. E.
- von je 636,72 W. E. Erzeugungswärme pro Stunde und Quadratmeter Heizfläche . 20,36 kg

Verdampfungsziffer pro 1 kg Brennstoff unter den Versuchsbedingungen . . . . 6,79 -

Verdampfungsziffer pro 1 kg Brennstoff bezogen auf
Normalbedingungen . . . . 6,93 kg
Pro 1 kg Kohle in Dampfwärme umgesetzt . . . 4412 W. E.
Rauchgastemperatur bei Meßpunkt No. 1 . . . . . 1250° C.
  desgl.   Meßpunkt No. 2 . . . . 927 -
  desgl.   Meßpunkt No. 3 . . . . 421 -
  desgl.   Meßpunkt No. 4 . . . . 381 -
Spezifische Wärme des Rauchgases bei Meßpunkt No. 1 0,3260 W. E.
  desgl.   Meßpunkt No. 2 0,3060 -
  desgl.   Meßpunkt No. 3 0,2688 -
  desgl.   Meßpunkt No. 4 0,2649 -

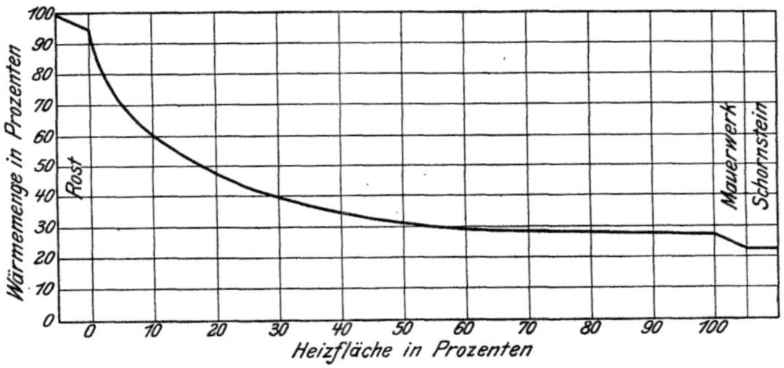

Fig. 11.

Vorhandene Wärmemenge des pro 1 kg Brennstoff
gebildeten Rauchgases bei Meßpunkt No. 1 6188,77 W. E. = 95,12%
  desgl.   Meßpunkt No. 2 4286,92 - = 65,91 -
  desgl.   Meßpunkt No. 3 1712,24 - = 26,32 -
  desgl.   Meßpunkt No. 4 1541,21 - = 23,69 -

Man erhält demnach für die Wärmebilanz folgende Werte:

Wärmemenge des Brennstoffes 100,00%
Verlust durch den Feuerungsprozeß . . — 4,88%
Von der Heizfläche absorbierte Wärme-
menge . . . . +67,86%
Abwärmeverlust am Heizflächenende . . —23,69%
Im Mauerwerk aufgespeicherte Wärme-
menge . . . . — 3,57%
                               Σ 32,14% +32,14%
                                              Σ 100,00%.

In dem Diagramm Figur 11 kommt der Wärmeverbleib und die Verteilung der absorbierten Wärmemenge innerhalb der Heizfläche zum Ausdruck. Man ersieht, daß die letzten 40% derselben einen ganz unwesentlichen Anteil an der gesamt absorbierten Wärmemenge haben und mit aller Wahrscheinlichkeit eine größere Wärmeausnutzung eintritt, wenn das Rauchgas von dort ab nicht durch die Heizfläche, sondern in einem anfänglich mit kaltem Wasser gefüllten Speisewasservorwärmer übergeleitet wird.

11. Der Nutzeffekt und der Wärmedurchgang an Dampfüberhitzerheizflächen.

Während bei der Beanspruchung der Dampfkesselheizfläche gewissermaßen weite Variationen möglich und in Dampfbetrieben auch tatsächlich vorhanden sind, ist die Beanspruchung einer Dampfüberhitzerheizfläche meist nicht so willkürlich variabel zu gestalten, weil dieselbe eben einfach den erzeugten Dampf, gleichviel welches Quantum, auf eine gewisse Temperatur zu erhitzen hat und deshalb die mehr oder minder große Beanspruchung keine weitere direkte Regelung erfährt.

Jeder genauen Berechnung derjenigen Wärmemenge, welche von einer Dampfüberhitzerheizfläche pro Brennstoffeinheit aufgenommen wird, stellen sich erhebliche Schwierigkeiten entgegen. Hauptsächlich wird das Resultat deshalb stets unsicher, wenn nicht gar wertlos, weil man die Gesamtwärme des eintretenden Dampfes nicht kennt und dieselbe auch nur unsicher bestimmen kann.

Hat man es mit einer zwischen die Dampfkesselheizfläche eingebauten Dampfüberhitzerheizfläche zu tun, so ist der Nutzeffekt aus der Zusammensetzung der Rauchgase, seiner Temperatur und der sich hieraus ergebenden Wärmemenge, sowie des vom Überhitzer absorbierten Wärmequantums zu berechnen. Ein direkter Rückschluß auf die mehr oder weniger große Menge von Wasser in dem zu überhitzenden Dampf ist in diesem Fall kaum ausführbar.

Aus zwei Versuchen A und B an zwischen die Dampfkesselheizfläche eingebauten Dampfüberhitzern wurden z. B. folgende Verhältnisse konstatiert:

	Versuch A.	Versuch B.
Rauchgaszusammensetzung: CO_2 . . .	14,75 Gew. %	13,98 Gew. %
H_2O . . .	2,26 -	2,17 -
O	6,30 -	7,13 -
N	76,69 -	76,72 -
Temperatur der Rauchgase beim Eintritt in den Überhitzer	445,3 °C.	489,0 °C.
Temperatur der Rauchgase beim Austritt aus dem Überhitzer	355,3 -	402,0 -
Spezifische Wärme der Rauchgase beim Eintritt in den Überhitzer	0,2692 W. E.	0,2744 W. E.
Spezifische Wärme der Rauchgase beim Austritt aus dem Überhitzer . . .	0,2640 W. E.	0,2687 W. E.
Pro 1 kg Brennstoff erzeugtes Rauchgasquantum	14,513 kg	15,877 kg
Gesamtwärme der pro 1 kg Brennstoff erzeugten Rauchgasmenge beim Eintritt in den Überhitzer	1738,56 W. E.	2130,37 W. E.
Gesamtwärme der pro 1 kg Brennstoff erzeugten Rauchgasmenge beim Austritt aus dem Überhitzer	1361,29 W. E.	1674,76 W. E.
Pro 1 kg Kohle werden überhitzt Dampf	7,05 kg	6,93 kg
Temperatur des Dampfes beim Eintritt in den Überhitzer	195,38 °C.	195,77 °C.
Temperatur des Dampfes beim Austritt aus dem Überhitzer	296,5 °C.	317,2 °C.
Gesamtwärme des trocken gesättigt angenommenen Dampfes beim Eintritt in den Überhitzer	666,090 W. E.	666,209 W. E.
Gesamtwärme des überhitzten Dampfes beim Austritt aus dem Überhitzer .	719,521 W. E.	731,295 W. E.
Von 1 kg Dampf aufgenommene Wärmemenge	53,431 W. E.	65,086 W. E.
Von 1 kg Brennstoff absorbierte Wärmemenge zur Dampfüberhitzung . . .	376,688 W. E.	451,045 W. E.
Belastung der Überhitzerheizfläche pro Stunde und Quadratmeter	40,88 kg	53,60 kg

Die Dampfüberhitzerheizfläche.

Belastung der Überhitzerheizfläche in W. E.	2184,25 W. E.	3488,60 W. E.
Nutzbar von der Dampfüberhitzerheizfläche aufgenommene Wärmemenge[1])	21,66 %	21,17 %
Differenz Eintritts - Austritts Rauchgaswärme	377,27 W. E	455,61 W. E.
Differenz Eintritts-Austritts Dampfwärme	376,68 -	451,04 -
Differenz Rauchgaswärme-Dampfwärme	0,59 -	4,57 -

Pro 1 kg Dampf betrügen mithin die Differenzen Rauchgaswärme minus Dampfwärme im Fall A = 0,083, im Fall B 0,659 W. E. Man könnte daraus folgern, daß der zum Überhitzer gelangende Dampf nicht die der Spannung nach berechnete Gesamtwärme, sondern diese minus der gefundenen Differenzen gehabt hat, also in A = 666,007 und in B = 665,550 W. E. Demnach hätte fernerhin auch die Überhitzerheizfläche in A = 21,69 %, in Fall B = 21,38 % der anfänglich vorhandenen Wärmemenge absorbiert.

Die Gesamtüberhitzerheizfläche liegt in diesem Fall zur Hälfte im Gleichstrom, zur Hälfte im Gegenstrom zu den Rauchgasen. Die mittlere Temperaturdifferenz ist in diesem Fall $\dfrac{\delta_m \, Gl. + \delta_m \, Gg.}{2}$, und zwar erhält man

	Versuch A.	Versuch B.
Mittlere Temperaturdifferenz δ_m zwischen Wärmegeber und Wärmeaufnehmer	120,6 ° C.	127,9 ° C.
Wärmedurchgangskoeffizient k pro Stunde und Quadratmeter Heizfläche und 1° C. Temperaturdifferenz	18,11 W. E.	27,27 W. E.

Hat man es mit direkt befeuertem Überhitzer zu tun, so kann man den Wärmewirkungsgrad desselben nach folgendem Annäherungsverfahren bestimmen.

Man teilt die Gesamtüberhitzerheizfläche einfach in zwei Meßbereiche und vergleicht die an der Seite des Dampfaus-

---

[1]) In Wahrheit hat der Überhitzer tatsächlich fast die gesamte physikalisch mögliche Wärmemenge der Rauchgase absorbiert, d. h. die Heizfläche ist für das Temperaturgefälle gerade so groß, daß selbst bei einer Verringerung des Dampfquantums und gleichen Rauchgaswärmen direkt keine höhere Überhitzung ermöglicht wird.

Fuchs.

tritts Gl. gemessenen Temperaturgefälle der Rauchgase und der vom Dampf absorbierten Wärmemengen mit der Seite des Dampfeintritts Gg.

Da an der Dampfaustrittsseite Gl. anzunehmen ist, daß der Dampf wirklich frei von Wasser ist, während an der Dampfeintrittsseite Gg. wahrscheinlich erst Aufdampfarbeit bis zum

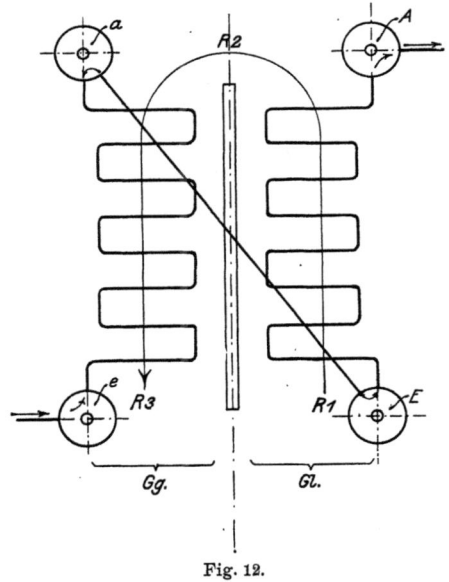

Fig. 12.

Saturationspunkt zu leisten ist, wird man Differenzen bekommen, welche ausgeglichen werden müssen.

Bezeichnet man mit w Gl. das Produkt Differenz des Temperaturgefälles mal spezifischer Wärme der Rauchgase pro Kilogramm auf der Dampfaustrittsseite, w Gg. dasselbe Produkt für die Dampfeintrittsseite, k Gl. die hierbei pro Kilogramm Dampf aufgenommene Wärmemenge, so muß das gesuchte weil unbekannte Wärmequantum k Gg., welches an der Gegenstromseite absorbiert wurde, einfach

$$k\ Gg. = \frac{k\ Gl.\ w\ Gg.}{w\ Gl.}$$

sein.

Die Dampfüberhitzerheizfläche. 51

In der Zeichnung Figur 12 ist die Gesamtheizfläche eines Überhitzers schematisch dargestellt. Der Rauchgasweg ist durch den Pfeil R gekennzeichnet, der Dampf tritt in der im Gegenstrom liegenden Heizfläche Gg. bei e ein, verläßt dieselbe bei a und geht von dort in die parallel zum Rauchgasstrom liegende Heizfläche Gl. bei E und tritt endlich bei A in die Hauptdampfrohrleitung.

Da man es hier mit der nämlichen Gasmenge zu tun hat, fällt das Quantum derselben bei der Berechnung heraus und tritt an dieser Stelle nur seine spezifische Wärme.

Bildet man ferner den Wärmedurchgangskoeffizienten k für die mittlere Temperaturdifferenz pro 1° C., so wird ersichtlich, daß k für die Dampfeintrittsseite viel zu gering ausfällt, was in der aus der Dampfeintrittstemperatur als trocken gesättigter Dampf berechneten Gesamtwärme seinen Grund hat.

Bestimmt man die Zusammensetzung der Rauchgase, die Temperaturen derselben bei R_1, R_2, R_3, ferner die Temperatur des Dampfes bei e und a Gg. sowie E und A Gl., weiter den Dampfdruck bei e Gg., E und A Gl., so hat man neben der Kohlen- und Wassermessung alle für die Bestimmung des wahrscheinlichen Nutzeffektes notwendigen Daten.

In einem Versuch wurde beobachtet:

Gleichstromheizfläche	99,5 qm
Gegenstromheizfläche	102,5 -
Stündlich verfeuerte Kohlenmenge	268,5 kg
Stündlich überhitzte Dampfmenge	18 007,5 -
Pro 1 kg Brennstoff überhitzte Dampfmenge	67,01 -
Pro Stunde und qm Heizfläche überhitzte Dampfmenge	89,15 -
Zusammensetzung des Rauchgases CO_2	12,5 %
O_2	6,4 -
H_2O	2,1 -
N	79,0 -
Spannung des Dampfes beim Eintritt in den Überhitzer	14,58 kg abs.
Temperatur desselben	195,9° C.
Gesamtwärme desselben, trocken gesättigten Dampf angenommen	666,249 W. E.
Spannung des Dampfes beim Gegenstromaustritt	14,31 kg abs.
Temperatur des gesättigten Dampfes hierbei	195,0° C.

Die Wärmeverwendung.

Gesamtwärme hierbei, trocken gesättigten Dampf vorausgesetzt	665,9 W. E.
Temperatur des überhitzten Dampfes am Gegenstromaustritt	215,9° C.
Überhitzung des Dampfes	20,9 -
Wärmekapazität des Dampfes pro 1 kg	0,499 W. E.
Gesamtwärme des überhitzten Dampfes im Gegenstromüberhitzer	676,411 -
Spannung des Dampfes beim Gleichstromaustritt	14,13 kg abs.
Temperatur des gesättigten Dampfes hierbei	194,4° C.
Gesamtwärme hierbei, trocken gesättigten Dampf vorausgesetzt	665,8 W. E.
Temperatur des Dampfes beim Gleichstromeintritt	214,9° C.
Temperatur des Dampfes beim Gleichstromaustritt	312,8 -
Überhitzung des Dampfes	118,4 -
Wärmekapazität des Dampfes pro 1 kg	0,534 W. E.
Gesamtwärme des überhitzten Dampfes im Gleichstromüberhitzer	729,026 W. E.
Rauchgastemperatur beim Eintritt ⎫ aus dem Gleichstromüberhitzer	841,6° C.
desgl. beim Austritt	427,4 -
Wärmekapazität desselben beim Eintritt	0,287 W. E.
desgl. beim Austritt ⎭	0,253 -
Rauchgastemperatur beim Eintritt ⎫ aus dem Gegenstromüberhitzer	427,4° C.
desgl. beim Austritt	243,1 -
Wärmekapazität desselben beim Eintritt	0,253 W. E.
desgl. beim Austritt ⎭	0,243 -
Differenz der Rauchgastemperatur im Gleichstromüberhitzer	414,2° C.
Mittlere Rauchgastemperatur desgl.	634,5 -
Wärmekapazität hierbei	0,270 W. E.
Differenz der Rauchgastemperatur im Gegenstromüberhitzer	184,3° C.
Mittlere Rauchgastemperatur desgl.	335,2 -
Wärmekapazität hierbei	0,248 W. E.
Mittlere Temperaturdifferenz δ_m im Gleichstromüberhitzer	302,1° C.
Stündlich pro 1 qm überhitzte Dampfmenge im Gleichstromüberhitzer	180,87 kg
Stündlich pro 1 qm aufgenommene Wärmemenge im Gleichstromüberhitzer	9720,85 W. E.
Wärmedurchgangskoeffizient k für 1° Temperaturdifferenz	**32,17** W. E.
Mittlere Temperaturdifferenz δ_m im Gegenstromüberhitzer	109,1° C.
Stündlich pro 1 qm überhitzte Dampfmenge im Gegenstromüberhitzer	175,68 kg
Stündlich pro 1 qm aufgenommene Wärmemenge im Gegenstromüberhitzer	1785,27 W. E.
Wärmedurchgangskoeffizient k für 1° Temperaturdifferenz	**16,36** W. E.

Die Dampfüberhitzerheizfläche.

Der Wärmedurchgang stellt sich hiernach mithin im Gegenstromüberhitzer als etwa um $1/2$ mal so groß dar wie im Gleichstromüberhitzer.

Es ist nun ferner:

w Gl. = 111,834 W. E.
k Gl. = 53,745 -
w Gg. = 45,706 -   und wird hieraus
k Gg. = **21,965** -

Der in den Gegenstromüberhitzer eintretende Dampf hätte mithin 21,965 — 10,162 = 11,803 W. E. pro 1 kg Dampf weniger besessen, d. h. man erhält statt 666,249 W. E. für die Gesamtwärme des eintretenden Dampfes nur 655,446 W. E.

Berechnet man nunmehr nochmals den Wert für k an der Gegenstromseite, so erhält man:

Mittlere Temperaturdifferenz δ_m im Gegenstromüberhitzer . 109,1° C.
Stündlich pro 1 qm überhitzte Dampfmenge im Gegenstromüberhitzer . . . . 175,68 kg
Stündlich pro 1 qm aufgenommene Wärmemenge im Gegenstromüberhitzer . . . . 3858,81 W. E.
Wärmedurchgangskoeffizient k für 1° Temperaturdifferenz . **35,36** -

Stellt man eine Wärmebilanz auf, so erhält man mit und ohne Berücksichtigung (a und b) der Aufdampfarbeit an der Dampfeintrittsseite des Überhitzers folgende Werte:

	a.	b.
Von 1 kg Dampf aufgenommene Überhitzungswärme	73,580 W. E.	62,777 W. E.
Pro 1 kg Brennstoff überhitzte Dampfmenge	67,01 kg	67,01 kg
Pro 1 kg Brennstoff nutzbar gewonnene Wärmemenge	4920,59 W. E.	4206,68 W. E.
Nutzbarer Heizwert pro 1 kg Brennstoff	7309 W. E.	7309 W. E.
Nutzeffekt der Dampfüberhitzeranlage .	**67,32** %	**57,55** %
Abwärmeverlust	**14,91** -	**14,91** -
Differenzverlust durch Wärmeableitung etc.	**17,77** -	**27,54** -

Aus dieser Wärmebilanz ergibt sich, daß das nach a berechnete Resultat um vieles wahrscheinlicher ist, als das nach b ermittelte.

Würde man annehmen, daß der Wärmedurchgang genau so groß in der Gleichstrom- als auch in der Gegenstromseite des Überhitzers sei, so würde man für den Gleichstromüberhitzer k = 32,17 W. E. folgende Werte erhalten:

Stündlich pro 1 qm aufgenommene Wärmemenge im Gegenstromüberhitzer	3509,74 W. E.
k Gg. wird hieraus zu	19,987 -
Gesamtwärme des eintretenden Dampfes demnach	656,433 -
Nutzeffekt der Dampfüberhitzeranlage	**66,55%**

Man erhält mithin nur eine Differenz von 0,77% in der nutzbar von der Gesamtüberhitzerheizfläche absorbierten Wärmemenge und hat hiermit eine Bestätigung der Wahrscheinlichkeit für die nach diesem Annäherungsverfahren ermittelten Werte.

12. Der Nutzeffekt und der Wärmedurchgang an Speisewasservorwärmerheizflächen.

Das von der Dampfüberhitzerheizfläche in Bezug auf Regelung der Belastungsverhältnisse Gesagte findet ebenfalls direkte Anwendung bei der Ausnutzung der in Rauchgasen noch vorhandenen Restwärme in Speisewasservorwärmern.

Ein Beispiel über die Wärmeabsorption in einem Ekonomiser möge diesen Teil beschließen.

Heizfläche des Vorwärmers = ∼ 400 qm.

Stündlich zur Dampferzeugung verwandte Kohlenmenge	2289 kg
Zusammensetzung des Brennstoffes: C	72,48 %
H	4,09 -
O	8,02 -
N	1,14 -
W	3,57 -
Rückstand	10,70 -
Nutzbarer Heizwert desselben	6751 W. E.
Luftbedarf pro 1 kg Brennstoff bei theoretischer Verbrennung	9,397 kg
Rauchgaserzeugung hierbei	10,202 -

Bei 1,74 fachem Luftüberschuß bilden sich pro Brennstoffeinheit 17,155 kg Rauchgas folgender Zusammensetzung:

Die Speisewasservorwärmerheizfläche. 55

$$CO_2 = 12{,}26\,\%$$
$$O_2 = 9{,}41 \text{ -}$$
$$H_2O = 1{,}68 \text{ -}$$
$$N = 76{,}65 \text{ -}$$

Stündlich erzeugte Rauchgasmenge	49 467 kg
Stündlich durch den Vorwärmer fließende Wassermenge .	15 399 -
Eintrittstemperatur des Wassers in den Vorwärmer . . .	32,6° C.
Austrittstemperatur des Wassers aus dem Vorwärmer . .	88,2 -
Mittlere spezifische Wärme des Speisewassers	1,0083 W. E.
Pro 1 kg Speisewasser aufgenommene Wärmemenge . .	56,06 -
Stündlich vom Speisewasser absorbierte Wärmemenge . .	863 290 -
Eintrittstemperatur des Rauchgases in den Vorwärmer . .	266° C.
Spezifische Wärme hierbei	0,2544 W. E.
Austrittstemperatur des Rauchgases aus dem Vorwärmer .	111° C.
Spezifische Wärme hierbei	0,2365 W. E.
Stündlich in den Vorwärmer gelangende Rauchgaswärmemenge	3 347 451 W. E.
Stündlich aus dem Vorwärmer abziehende Rauchgaswärmemenge	1 298 582 W. E.
Pro 1 qm Vorwärmerfläche erwärmte Wassermenge . . .	38,49 kg
Pro 1 qm Vorwärmerfläche absorbierte Wärmemenge . .	2167,74 W. E.
Mittlere Temperaturdifferenz	124,47° C.
Wärmedurchgang k pro 1° mittlere Temperaturdifferenz .	17,41 W. E.

Wärme-Bilanz.

Pro 1 kg Brennstoff werden 6,72 kg Speisewasser erwärmt mit		376,72 W. E.
Eintretende Wärmemenge pro Stunde .	3 347 451 W. E. =	100,00 %
Im Speisewasser wiedergefundene Wärmemenge pro Stunde	863 290 W. E. =	+ 25,78 %
Abwärme-Verlust am Vorwärmerflächenende	1 298 582 W. E. =	− 38,79 %
Innerer Vorwärmer-Verlust (Eisen- und Mauerwerkanwärmung, Strahlung, Ableitung etc.)	1 185 579 W. E. =	− 35,43 %

Da pro Brennstoffeinheit 376,72 W. E. gewonnen werden und der Nutzeffekt der Dampferzeugungsanlage in diesem Fall ~ 68 % betrug, ist die Brennstoffersparnis durch den Speisewasservorwärmer $= \dfrac{376{,}72 \cdot 100}{6751 \cdot 0{,}68} = 8{,}20\,\%$.

III. Teil.
Die Kontrolle des Dampfkesselbetriebes.

Eine nutzbare laufende Kontrolle des Dampfkesselbetriebes kann erst dann einwandsfrei ermöglicht werden, wenn die beiden den Gesamtbetrieb darstellenden Momente, die Wärmeerzeugung und die Wärmeverwendung, in ihren gewissermaßen bleibenden Verhältnissen richtig erkannt sind.

Als solche sind hier zu nennen:
1. Die Verwertung der Energie der Zugansaugungsanlage nach der auf Seite 20 beschriebenen Methode, sodaß das angesaugte Quantum Verbrennungsluft aus den Angaben der Differenzzugmessung laufend erkannt werden kann.
2. Die Erkenntnis des günstigsten Nutzeffektes der Dampfkesselanlage, d. h. die Bestimmung derjenigen Heizflächenbelastung, bei welcher die günstigste Ausnutzung der der Heizfläche angebotenen Wärmemenge resultiert.

Kennt man diese Beziehungen zu einander, so hat man die für eine Kontrolle des Dampfkesselbetriebes notwendigen Grundbedingungen, welche in Verbindung mit den variablen, gewissermaßen inkonstanten und deshalb der laufenden Beobachtung bedürftigen Momenten alle Werte geben, welche einen klaren Einblick in die Leistungsfähigkeit und den Nutzeffekt ermöglichen.

Als solche sind hier zu nennen:
3. Die Qualität des Brennmaterials.

4. Die Art der Verfeuerung desselben im Betriebe, d. h. der Nutzeffekt der Feuerungsanlage.
5. Die Erkenntnis der jeweilig produzierten Dampfmenge, d. h. die Belastungsverhältnisse der Dampfkesselheizfläche in Bezug auf Wärmetransmission.

In dem nachfolgenden Abschnitt No. 13 sollen zuerst die zur Ausführung dieser Untersuchungen zur Erkenntnis der konstanten und inkonstanten in Betracht zu ziehenden Momente notwendigen Instrumente kurz beschrieben und ihre Wirkungsweise erläutert werden.

13. Die zur Dampfbetriebskontrolle notwendigen Instrumente.

Die zur Beurteilung von Vorgängen bei der Wärmeerzeugung und Verwendung nötigen Untersuchungen erstrecken sich auf Temperatur und Druckmessungen, ferner auf die Ermittelung der Zusammensetzung des Brennstoffes, der gebildeten Rauchgase und des Wärmewertes beider. Man versäume nicht, die zur Verwendung kommenden Instrumente untereinander zu vergleichen und ihre Fehler auszumitteln, eine kleine Mühe, welche leider nicht immer vorgenommen wird, trotzdem oftmals dieses oder jenes erhaltene Resultat als eine fundamentale Größe hingestellt wird.

Temperaturmessungen.

Zur Bestimmung von Temperaturen bis $\sim 500^0$ C. verwendet man vorteilhaft nur gläserne Quecksilberthermometer, welche bei Benutzung in Temperaturen über den Siedepunkt des Quecksilbers unter Druck mit Kohlensäure gefüllt werden, womit die sichere Verwendung bei höheren Temperaturen durch Verzögerung des Siedepunktes gewährleistet wird. Hat man ein im Kaliber vollkommenes Glasrohr und trägt den Fundamentalabstand $0-100^0$ C. in irgend einem Maßstab auf, beispielsweise 100^0 C. $=$ 100 mm Länge, so liegen die Punkte 200, 300, 400, 500^0 nicht bei 200, 300, 400, 500 mm vom Nullpunkt ab, sondern infolge der nicht proportionalen Ausdehnung des Quecksilbers in dem Glasrohr nach den Untersuchungen der Physikalisch-Technischen Reichsanstalt bei

200   300   400   500° C. =
200,4 304,1 412,3 527,8 mm Länge,

gemessen von dem Temperaturnullpunkt ab. Es ist hierbei vorausgesetzt, daß das Instrument aus dem Jenenser Borosilikat-Glas 59 III ist, und daß dasselbe immer bis zu dem augenblicklich herrschenden Temperaturgrad in das hochtemperierte Medium taucht. Da man bei Verwendung solcher Instrumente zur Bestimmung der Rauchgastemperatur immer nicht angängig machen kann, dasselbe vollkommen bis zum abgelesenen Temperaturgrad einzutauchen, ergeben sich Korrektionen, welche speziell bei langen Thermometern und kurzen Eintauchlängen bedeutend hohe Werte erreichen, 50° C. und darüber. Es ist deshalb in allen Fällen vorzuziehen, dem Verfertiger die Verwendungsart anzugeben, also daß z. B. bei einem Instrument von 1500 mm Länge die Justierung so vorgenommen wird, daß der Nullpunkt bei einer Eintauchtiefe von 1300 mm bestimmt und die übrigen Skalenwerte dementsprechend ausgewertet werden. Bestimmt man Temperaturen mit kürzeren Thermometern, z. B. in Rohrleitungen, welche überhitzten Dampf führen, so kann hierbei eine Korrektur wegen des herausragenden Fadens leicht vorgenommen werden, weshalb eine spezielle Berücksichtigung bei der Justierung der Instrumente unterbleiben kann.

Zur Bestimmung von Temperaturen über 500° C., also etwa bei der Ermittelung der Anfangstemperatur auf dem Rost, hat man in den nach Angaben von Holborn und Wien unter Benutzung eines Vorschlags von Le Chatelier gefertigten Thermoelementen ein äußerst einfaches, betriebssicheres und hohe Genauigkeit gewährleistendes Instrument, welches auf Wunsch von der Physikalisch-Technischen Reichsanstalt untersucht und mit entsprechender Korrektionsnachweisung versehen wird. Dasselbe besteht aus einem Platin- und einem

Platinrhodiumdraht, welches die an der Erhitzung der Lötstelle beider entstehenden Thermoströme als Funktion der Temperatur an einem Galvanometer abzulesen gestattet. Die beiden Drähte sind auf schwer schmelzbare Porzellanrohre gewickelt, welche wiederum in Eisen- oder Nickelrohre untergebracht werden. Zweckmäßig umkleidet man letztere mit Asbestschnur oder Chamotteröhren.

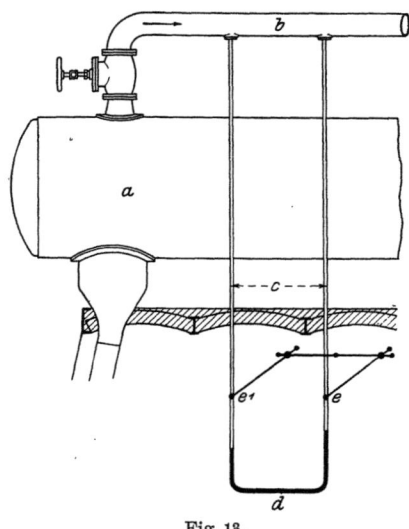

Fig. 13.

Druckmessungen.

Druckmessungen werden sowohl an dem erzeugten Dampf zur Bestimmung seiner Spannung und seiner Geschwindigkeit als auch an den Rauchgasen innerhalb der Feuerzüge ebenfalls zur Geschwindigkeits- resp. Volumenermittelung vorgenommen. Während man im ersten Fall rundweg den Überdruck gegenüber dem Druck von 1 kg pro 1 qcm bestimmt, hat man es bei der Geschwindigkeitsmessung lediglich mit der Ermittelung von Druckdifferenzen zu tun, welche immer in Millimeter Wassersäule ausgedrückt werden. Der Überdruck wird durchweg mit den bekannten Federmanometern gemessen, welche bequem mit einem Kontrollinstrument verglichen werden können. Die Messung der Dampf- und Rauchgasgeschwindigkeit kann mit speziell hierzu gefertigten Instrumenten, welche ebenfalls wie die Federmanometer Zeigerinstrumente sind, ausgeführt werden. Diese Apparate sind für die laufende Betriebskontrolle in anderer, z. B. der unten beschriebenen, Ausführung nicht verwendbar, jedoch erübrigt sich eine Beschreibung derselben und kann auf die von den Fabrikanten gebrachten Ausführungen verwiesen werden. Für spezielle Untersuchungen kann man entsprechend armierte Differenzmanometer, in der Hauptsache aus einem kommunizierenden Glasrohr bestehend, verwenden. Zur Ausführung der Untersuchung kann man sich der Anordnung nach Figur 13 bedienen. Es bedeute a den Oberkessel und b das Hauptdampfentnahmerohr, dasselbe ist an zwei Stellen angebohrt und mit den Röhren c armiert, welche in ein Differenzmanometer e münden. Zwei Hähne, e und e_1, sind durch einen Lenker gemeinschaftlich verbunden, sodaß dieselben durch Umlegen immer gleichzeitig geöffnet oder gleichzeitig geschlossen werden.

Als Manometerflüssigkeit wendet man entweder Chloroform, spezifisches Gewicht 1,526, Schwefelkohlenstoff, spezifisches Gewicht 1,292, Anilin etc. an, Substanzen, die schwerer als Wasser und unlöslich in demselben sind. Der Rest der Rohrleitung füllt sich von selbst mit Wasser, herrührend aus dem kondensierten Dampf, an. Es ist vorteilhaft, in den Schenkeln c vor den Hähnen zwei gleichdimensionierte Schleifen anzubringen, in welche sich Fremdkörper aus der Hauptdampfleitung absetzen können und so nicht in die Meßrohre gelangen.

Analog dieser Anordnung ist die zur Ermittelung der Zuggeschwindigkeit. Man verwendet hierzu ebenfalls die bekannten U-förmigen Glasröhren, verbindet den einen Schenkel mit einer über dem Rost gleich Anfang der Heizfläche mündenden Rohrleitung, während der andere Schenkel am Ende der Heizfläche gleich Anfang Abzugskanal endet.

Münden von mehreren Rostflächen Feuerzüge in einen mit gemeinschaftlichem Schieber versehenen Abzugskanal, zwei beispielsweise bei Zweiflammrohrkessel, so teilt man einen der Manometerschenkel derart, daß zwei Abzweigröhren in die Flammröhren münden. In allen Fällen legt man die Rohrleitungen zu den Manometern sowohl bündig mit der inneren Peripherie des Hauptdampfentnahmerohres als auch bündig mit dem Mauerwerk am Heizflächenanfang und -ende.

Rauchgaszusammensetzungsmessung.

Wie bei den Druckmessungen hat man auch hier zu unterscheiden in Apparaten für die laufende Betriebskontrolle, welche kontinuierlich arbeiten und die gewonnenen Resultate in einem Diagramm selbständig aufzeichnen, und ferner in Instrumenten, welche für einzelne Untersuchungen verwandt werden und einer persönlichen Bedienung des jeweiligen Beobachters bedürfen.

Für die erste Kategorie sind zwei Methoden zur Ermöglichung der fortlaufenden Analyse der Rauchgase benutzt worden, eine physikalische und eine chemische. Während die erste aus Gewichtsdifferenzen zwischen atmosphärischer Luft und Rauchgas nur den Kohlensäuregehalt — und diesen auch nicht exakt abzuleiten gestattet, können mit dem nach dem zweiten Prinzip gefertigten Instrumente der CO_2-Gehalt oder der Sauerstoffgehalt der Rauchgase und hiermit direkt der Luftüberschuß gemessen werden, indem durch entsprechende Absorptionsmittel dieser oder jener Bestandteil aus den Rauchgasen entfernt und durch ein Schreibwerk die Größe seines Anteils registriert wird. Aus rein betriebstechnischen Gründen, ganz abgesehen von der Exaktheit der Angaben, empfehlen sich nur die nach der chemischen Methode arbeitenden Instrumente, für welche eine Beschreibung aus den Prospekten der Erbauer der Instrumente zu entnehmen ist.

Ein zur zweiten Kategorie gehörendes Instrument ist in der Figur 14 abgebildet. Dasselbe kann zur Ermittlung des

Kohlensäure- oder Sauerstoffgehaltes der Rauchgase etc. dienen. Die Gasbürette a, welche 50 oder 100 ccm Inhalt besitzt, ist von einem Zylinder umgeben, in welchem eventuell Wasser

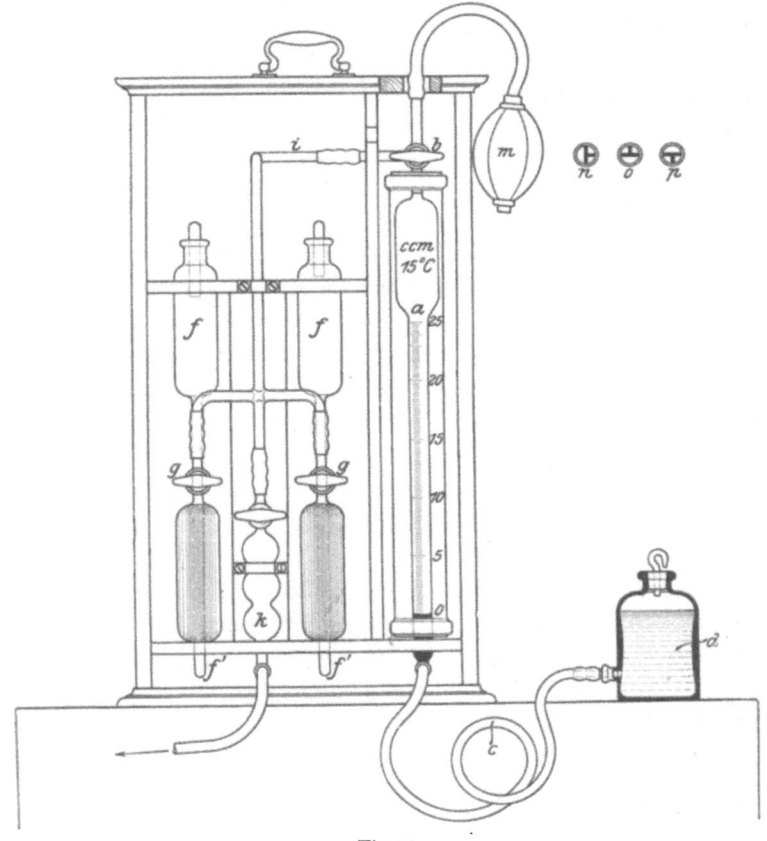

Fig. 14.

zur Vermeidung von größeren Temperaturschwankungen befindlich ist. Eine Luftumhüllung ist jedoch in den meisten Fällen allein genügend ausreichend, da Temperaturvariationen zwischen Anfang und Ende der Absorption selten auftreten. Der Endpunkt der Gasbürette, 50 oder 100 ccm Volumen vom Nullpunkt besitzend, wird durch den Schlüssel des Dreiweghahnes b begrenzt. Unterhalb des Nullpunktes an der Bürette ist ein Schlauchstück angeblasen und verbindet ein Gummirohr c dieselbe mit der Wasser als Sperrflüssigkeit enthaltenden Druckflasche d. Die Absorptionsgefäße f bestehen aus zwei zylindrischen Glaskörpern, welche durch ein Rohr f_1 leitend miteinander verbunden sind. Das Unterteil ist durch Hahn g verschließbar, welcher in ein kurzes mit Schlauchstück versehenes kapillares Rohr endet; man füllt dasselbe zur Vermehrung der Absorptionsoberfläche mit Glasröhren oder Glaskugeln an. Die Nulllage der Absorptionsflüssigkeit wird durch Hahn g begrenzt. Die Reagentien werden so weit eingefüllt, bis gerade die Hahnhülse erreicht wird. Eine Verbindung der Absorptionsgefäße f mit der Bürette a bewerkstelligt Rohr i; an dasselbe ist ferner Wattefilter k angeschlossen, welches einen Absperrhahn zur Verbindung mit der Rauchgasrohrleitung oder Absperrung von derselben hat. Der Dreiweghahn b, die Absorptionsgefäße f und Wattefilter k sind durch kurze Gummischläuche untereinander verbunden. Vermittels Aspirators m können Rauchgase durch den Apparat gesogen werden. Zur Vornahme einer Rauchgasanalyse hätte man folgendermaßen zu operieren:

Dreiweghahn b befindet sich in Stellung n, durch Heben der Druckflasche d stellt man das Sperrwasser in der Bürette a bis zum Hahn ein; durch Drehung wird derselbe nunmehr in Lage o versetzt und der Hahn des Wattefilters k geöffnet. Durch Aspiration saugt man, selbstverständlich bei geschlossenen Hähnen g, Rauchgase durch den Apparat und stellt den Dreiweghahn b sodann in Stellung p. Das Sperrwasser läßt man jetzt bis zum Nullpunkt der Teilung sinken und schließt den Hahn des Wattefilters.

Das in einem bestimmten Quantum abgesperrte Rauchgas wird durch Hineindrücken des Gases in die geöffneten Absorptionsgefäße von diesem oder jenem Bestandteil, je nach der verwandten Reagenzflüssigkeit, befreit. Ist die Absorption vollendet, so stellt man durch Senken der Flasche d die Flüssigkeit wieder bis zum Hahn g ein, verschließt diesen und bringt die Niveaus der Sperrflüssigkeit sowohl in d als in a auf gleiche Höhen und liest an der Teilung das Resultat in Vol.-Prozenten ab.

Man absorbiert zuerst die Kohlensäure, dann den Sauerstoff und eventuell das etwa vorhandene Kohlenoxyd mit folgenden Substanzen.

Kohlensäure. Verwandt wird ausschließlich Kalilauge und zwar gelangen auf ein Gewichtsteil käufliches Kaliumhydroxyd ca. zwei Gewichtsteile Wasser.

Sauerstoff. Verwandt wird pyrogallussaures Kali oder Phosphor. Im ersten Fall gelangen auf 5 g Pyrogallussäure 15 ccm Wasser, in welches eine Lösung von 120 g Kaliumhydroxyd und 80 ccm Wasser gemischt wird. Die beste Absorptionstemperatur liegt bei — 20° C. Aus dem Rauchgas muß selbstverständlich erst die Kohlensäure abgeschieden sein, ehe man mit diesem Reagens den Sauerstoffgehalt ermitteln kann. Im zweiten Fall verwendet man Phosphor in Stangenform von 3—4 mm Durchmesser; derselbe ist ein sehr energisches Absorptionsmittel, muß vor Licht geschützt und in Wasser aufbewahrt werden, welches vorteilhaft von Zeit zu Zeit erneuert wird. Die beste Wirkung erhält man bei Temperaturen von $\sim$ 20° C., Gegenwart von Kohlenwasserstoffen wie Äthylen etc. verhindern die Absorption.

Kohlenoxyd. Zur Absorption verwendet man ammoniakalische Lösungen des Kupferchlorürs. Der Ermittlung des Kohlenoxyds stellen sich wegen der trägen und unbeständigen Absorption sowie wegen der immer nur gering auftretenden Mengen bedeutende Schwierigkeiten entgegen. Nach dem Vorschlage von Drehschmidt verwende man deshalb zwei Absorptionsgefäße, bei Verwendung von Apparaten mit gröberer Einteilung unterläßt man besser die ganze Bestimmung.

Durch einfache Umformung kann dieser Apparat zu einem Luftüberschußmesser, welcher direkt den Luftüberschuß in

Vielfache der theoretischen Luftmenge an der Bürette abzulesen gestattet, umgebildet werden. Es ist hierzu ein mit Phosphor gefülltes Absorptionsgefäß nötig, welcher den freien Sauerstoff in den Rauchgasen absorbiert. Die Teilung der Bürette ist dann nicht in ccm, sondern mit Bezug auf die in Tabelle Seite 9 angeführten Verhältnisse zwischen Luftüberschuß und Sauerstoffgehalt durchgeführt.

14. Methoden zur laufenden Brennstoffuntersuchung.

Die laufende Brennstoffuntersuchung gehört zu den wesentlichsten Faktoren der Betriebsübersicht, weil die Rentabilität der Dampferzeugungsanlagen von dem mehr oder minder großem Wärmewert des zur Verwendung gelangenden Brennstoffes abhängt. Von den beiden möglichen Kontrollmethoden, der Ermittelung des Heizwertes im Kalorimeter und der Bestimmung des Brennwertes in einem praktischen Verdampfungs- resp. Feuerungsversuch, kommt für die Betriebskontrolle nur die zuletzt genannte Methode in Betracht. Es sprechen hierfür verschiedene Gründe; einmal können sich nur sehr große Betriebe die laufende Brennstoffkontrolle durch ein Kalorimeter im Laboratorium leisten, zweitens ist der erhaltene Durchschnittswert aus einem Verdampfungsversuch für die Beurteilung der Qualität des Brennstoffes bei weitem wertvoller und endlich gibt der Heizwert, ausgedrückt in W. E., allein überhaupt keinen Maßstab für die Güte und Verwendbarkeit von Brennstoff im Feuerungsbetrieb.

Da nun das Wärmeaufnahmevermögen der Kesselheizfläche von der Geschwindigkeit und der Temperatur des Wärmegebers stark abhängig ist, muß man deshalb bei laufenden Brennstoffuntersuchungen möglichst gleichartige Bedingungen einhalten, damit das Resultat nur die Variationen in der Brennstoffqualität, nicht der Art der Betriebsführung zum Ausdruck bringt. Man wird deshalb möglichst immer die gleiche Kesselart verwenden und eine gleichmäßige Belastung der Kesselheizfläche anstreben.

Fuchs.

Daß dieser oder jener Brennstoff praktisch nicht immer mit dem gleichen Luftüberschuß verfeuert werden kann, hängt, wie vorher gezeigt, von seinem Konglomerat und seiner Zusammensetzung ab, und gelangt deshalb neben dem Wärmewert des Brennstoffes im Quantum verdampften Wassers auch die Betriebsbrauchbarkeit nach dieser Richtung hin zum Ausdruck.

Die laufende Untersuchung kann neben dem exakten Verdampfungsversuch näherungsweise mit vollkommen genügender Genauigkeit auf verschiedene Weise durchgeführt werden. Vorausgesetzt, daß der verfeuerte Brennstoff gewogen wird und daß die Betriebsspannung als auch die Temperatur des zugeführten Speisewassers wenig schwankt, kann aus der Registrierung der Angaben des Dampfgeschwindigkeitsmessers laufend eine Übersicht über die pro Brennstoffeinheit verdampfte Wassermenge erhalten werden. Dieses Resultat kann natürlich, wenn die Speisewassertemperatur und die Dampfspannung registriert wird, auf normale Vergleichszustände, d. h. auf pro Brennstoffeinheit verdampfte Wassermenge von je 636,72 W. E. Erzeugungswärme reduziert werden, ein Umstand, der für die laufenden Werte nur dann vorzunehmen ist, wenn in den Betriebsbedingungen große Schwankungen vorkommen. Bezeichnet man mit V_B die erhaltene Betriebsverdampfungsziffer (Kilogramm Wasser pro 1 kg Brennstoff), mit V_C die korrigierte Verdampfungsziffer, mit Fl_W. die Flüssigkeitswärme des zugeführten Speisewassers pro Kilogramm, mit q die Gesamtwärme des Betriebsdampfes pro Kilogramm und mit 636,72 die totale Erzeugungswärme des gebildeten Dampfes, so erhält man die korrigierte Verdampfungsziffer nach dem Ansatz

$$V_C = \frac{V_B \cdot (q - Fl_{W \cdot})}{636{,}72}.$$

Hat man z. B. $V_B = 7{,}83$ kg, $q = 661{,}060$ W. E., entsprechend Dampf von 10 kg pro Quadratzentimeter absolut, $Fl_W. = 80{,}34$ W. E., so erhält man

Die Heizwertermittlung.

zu 7,14 kg.
$$V_C = \frac{7{,}83 \cdot (661{,}060 - 80{,}34)}{636{,}72}$$

Zur Kontrolle der erhaltenen Verdampfungsresultate der laufenden Brennstoffuntersuchungen als auch zur Festsetzung des Nutzeffektes der Dampferzeugungsanlage wird die Ermittlung des Heizwertes nötig. Es empfiehlt sich für diesen Fall die Benutzung der kalorimetrischen Bombe in der von Mahler-Kröcker angegebenen Konstruktion, weil mit derselben mit vollkommen ausreichender Genauigkeit die Zusammensetzung der gebildeten Verbrennungsgase mit durchgeführt werden kann. Die spezielle Beschreibung des Instrumentes etc. übergehend, mögen jedoch an dieser Stelle einige Winke für die Ableitung der Instrumentkonstanten und Verwendbarkeit der erhaltenen Messungen mitgeteilt werden.

Die Wasserwertbestimmung des Kalorimeters kann auf verschiedene Art durchgeführt werden, z. B. durch die Mischungsmethode oder auch durch Verbrennen von Substanzen, deren Wärmewert möglichst absolut feststeht und die in genügender Reinheit bequem beschafft werden können. Es empfiehlt sich hierzu die Verwendung von Kampfer und Benzoesäure; die mittleren Wärmewerte betragen nach Berthelot und Stohmann für Kampfer 9279,8 W. E. und für Benzoesäure 6322,1 W. E. Es wurde z. B. beobachtet:

Angewandte Substanz:

1,0094 g Benzoesäure = 1,0094 · 6322,1 W. E.	6381,52 W. E
0,0160 - Eisendraht = 0,0160 · 1600 W. E.	25,60 -
Bildungswärme der entstandenen Salpetersäure	15,30 -
Q = gesamt erzeugte Wärmemenge	6422,62 W. E.
$\varDelta$ = beobachtete Temperaturerhöhung des Kalorimeterwassers	2,583° C.
$\frac{Q}{\varDelta}$ = pro 1° C. Temperaturerhöhung ermittelte Wärmemenge	2486,4 W. E.
w = im Kalorimeter verwandte Wassermenge	2201,7 -
$\frac{Q}{\varDelta} - w$ = Wasserwert des Kalorimeters	284,7 W. E.

Die Ermittlung des Heizwertes und der Zusammensetzung stellt sich ferner beispielsweise:

1. Bestimmung des hygroskopischen Wassers.

Gewicht des Trockengefäßes und des Brennstoffes	34,7264 g
Desgl. allein	27,5944 -
Gewicht des zu trocknenden Brennstoffes	7,1320 g
Gesamtgewicht vor dem Trocknen	34,7264 g
Desgl. nach dem Trocknen	34,6600 -
Trockenverlust	0,0664 g
Feuchtigkeit: $\dfrac{0{,}0664 \cdot 100}{7{,}1320}$	0,93 %

2. Verbrennung im Kalorimeter.

Gewicht des Brennstoffes und des Eisendrahtes zum Entzünden	0,9036 g
Gewicht des Eisendrahtes allein	0,0174 -
Gewicht des untersuchten Brennstoffes	0,8862 g
Gewicht des angewandten Kalorimeterwassers	2205,3 g
Wasserwert des Instruments	284,7 -
Gesamte verwandte Wassermenge	2490,0 g

No.	Vorversuch		Hauptversuch	Nachversuch	
	τ	v	T	τ'	v'
1	16,013		15,950	18,740	
2	16,006	0,007	18,000	725	0,015
3	15,999	7	18,750	710	15
4	992	7	18,757	695	15
5	985	7		680	15
6	978	7		665	15
7	971	7		650	15
8	964	7		635	15
9	957	7		620	15
10	15,950	0,007		18,605	0,015

Unkorrigierte Temperaturerhöhung in ~ 3 Minuten = (18,757 — 15,950)	2,807° C.
Mittlere Abkühlung v pro Minute	0,007° C.
Desgl. v' pro Minute	0,015 -
Gesamte mittlere Abkühlung pro Minute	0,011° C.
Temperaturerhöhung in 3 Minuten = 0,033 + 2,807	2,840° C.

Die Heizwertermittlung.

Erzeugte Wärmemenge = 2490,0 · 2,840 . . . . 7079,60 W. E.
Davon ab Verbrennungswärme des Eisendrahtes . . . . — 27,84 -
Aus dem Brennstoff erzeugte Wärmemenge . . . . . . 7051,76 W. E.
Desgl. pro 1 g Substanz = 7051,76 : 0,8862 . . . . . 7957,30 -

Nach Seite 3 werden die Brennwerte nicht auf flüssiges, sondern auf gasförmiges Wasser bezogen; man muß mithin die Kondensationswärmen in Abzug bringen; zu diesem Zweck ist das resultierende Rauchgas auf seine Bestandteile untersucht worden und zwar erhielt man:

0,3670 g Wasser,
2,6220 - Kohlensäure und ferner
0,0582 - unverbrennliche Rückstände.

0,3670 g Wasser sind 41,41 % vom total verbrannten Brennstoff, welches, wie eingangs erwähnt, mit 600 W. E. pro Gewichtseinheit in Abzug gebracht wird; man erhält hier demnach 248,46 W. E., welche abgezogen werden müssen:

$$(7957,30 - 248,46) = \mathbf{7708,84 \text{ W. E.}}$$

für den lufttrockenen Brennstoff; für den ursprünglichen mit Feuchtigkeit beladenen Brennstoff läßt sich der ursprüngliche Heizwert mit 7637 W. E. zurückrechnen.

Die Zusammensetzung erhält man weiterhin aus:

1. $\dfrac{41{,}41\,\%\ H_2O \cdot 11{,}11}{100}$ . . . . 4,60 % H

2. $\dfrac{2{,}6220 \cdot 100}{0{,}8862} = 2{,}9587$ g CO_2 pro Einheit =

   $\dfrac{2{,}9587 \cdot 27{,}28}{100}$ . . . . 80,71 % C

3. $\dfrac{0{,}0582 \cdot 100}{0{,}8862}$ . . . . 6,57 % Rückstände.

Zur Vervollständigung läßt sich weiter folgern:

Verbrennungswärme des Kohlenstoffs = $\dfrac{80{,}71 \cdot 8100}{100}$ . . 6537,51 W. E.
Im Kalorimeter wurden ermittelt . . . . 7708,84 -

mithin verbleiben für den disponiblen Wasserstoff

$$(7708,84 - 6537,51) = 1171,33 \text{ W. E.,}$$

70 Die Kontrolle des Dampfkesselbetriebes.

d. h. der disponible Wasserstoff muß

$$\left(\frac{1171{,}33 \cdot 29\,000}{100}\right) = 4{,}03\,\%$$

betragen; gefunden wurden 4,60 % H, gleich 0,57 % weniger; mithin beträgt der den disponiblen Wasserstoff bildende Sauerstoff (0,57 . 8) = 4,56 %. Man hat mithin für die lufttrockene Substanz:

Heizwert	7708,84 W. E.
C	80,71 %
H	4,60 -
O	4,56 -
Rückstände	6,57 -
Differenz (Schwefel, Stickstoff und Analysenfehler)	3,56 -
	Σ = 100,00 %

ferner für die ursprüngliche Substanz:

Heizwert	7637,14 W. E.
C	79,96 %
H	4,56 -
O	4,52 -
Rückstände	6,51 -
Feuchtigkeit	0,93 -
Differenz für S + N	3,52 -
	Σ = 100,00 %

Nach dieser Methode erhält man neben dem Heizwert im ursächlichen Zusammenhang und mit genügender Genauigkeit auch die Zusammensetzung der brennbaren und unbrennbaren Komponenten des verwandten Brennstoffes.

Mit der laufenden Erkenntnis der Brennstoffqualität ist jedoch für die Art der Betriebsführung nichts gewonnen, weshalb eine zweite und gleiche Wichtigkeit besitzende Kontrolle in Bezug auf Belastung der Heizfläche und Nutzeffekt der Feuerungsanlage kontinuierlich durchgeführt werden muß und welche sich demnach eigentlich auf die Tätigkeit des Heizers erstreckt.

15. Die laufende Kontrolle des Feuerungsprozesses und der Belastung der Dampferzeugungsanlage.

Es ist vorher gezeigt worden, daß mit der Zunahme des Luftüberschusses der Nutzeffekt der Feuerungsanlage fällt und daß es eine Belastung der Heizfläche gibt, bei welcher die beste Absorption der derselben angebotenen Wärmemengen erfolgt. Es ist nun von Wichtigkeit, die Größe des Anteils bei Variationen beider Verhältnisse im Brennstoffmehrverbrauch zu wissen. Die hier mitgeteilten Versuche beziehen sich auf den eingangs erwähnten Kessel von 425 qm Heizfläche und 6,41 qm Rostfläche. Es sind, wie schon vorher erwähnt, gleiche Brennstoffmengen mit wechselndem Luftüberschuß verfeuert worden und diese Beobachtungen bei verschiedener Beanspruchung der Kesselheizfläche durchgeführt. Die Rostbelastung ist, da Schwankungen in der Brennwertqualität vorhanden waren, in Kilo-Kalorien angegeben.

Der Vollständigkeit wegen folgen hier die erhaltenen Versuchsdaten teilweise nochmals, welche graphisch in dem Diagramm Figur 15a, b, c dargestellt sind und zwar in a die Versuche No. 1, 3, 5, 7, 9, in b die Versuche No. 2, 4, 6, 8, 10, in c die Differenzen der Abwärmeverluste und der Nutzeffekte der Dampfanlage. Es bedeutet ferner d der Abwärmeverlust, e der Differenzverlust für Strahlung und Leitung, f der Nutzeffekt, g die Differenzen af — bf und h endlich die Differenzen ad — bd.

Die mögliche Brennstoffersparnis durch mehr oder minder gute Betriebsführung beträgt mithin bei Verfeuerung von stündlich pro 1 qm Rostfläche

$\sim$ 50 kg = 13,66 %
$\sim$ 70 - = 9,42 -
$\sim$ 90 - = 6,85 -
$\sim$110 - = 6,50 -
$\sim$140 - = 0,00 -

72   Die Kontrolle des Dampfkesselbetriebes.

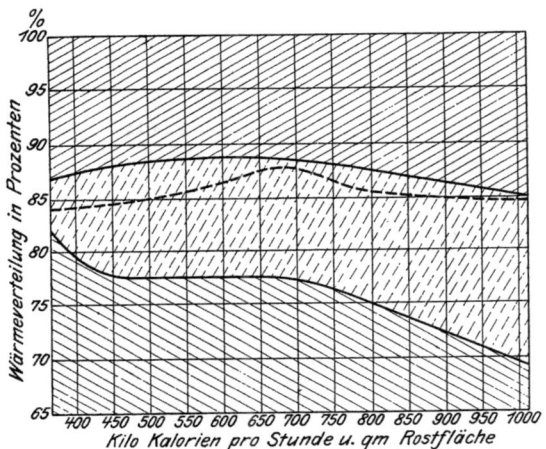

Fig. 15a.

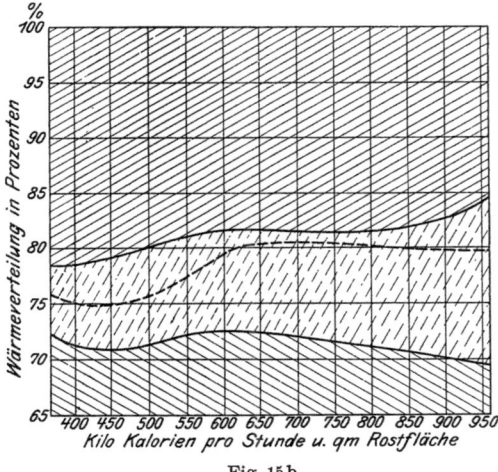

Fig. 15b.

Man erkennt, daß mit der Zunahme der Beanspruchung der Zugansaugungsanlage die Größe des Luftüberschusses fällt und schließlich bei einer maximalen Inanspruchnahme ein variables Verfeuern in Bezug auf Luftüberschuß unmöglich ist, d. h. die Zugansaugungsanlage ist erschöpft. Das Minimum an Luftüberschuß, mit welchem dieser oder jener Brennstoff verfeuert werden kann, hängt neben den zuerst angeführten Gründen auch von örtlichen, in der Feuerungsanlage selbst gegebenen Verhältnissen ab: Hat man beispielsweise eine Anordnung, bei welcher der Zugang zu der Rostfläche durch 4 Feuertüren ermöglicht wird und die Rauchgase in einem mit

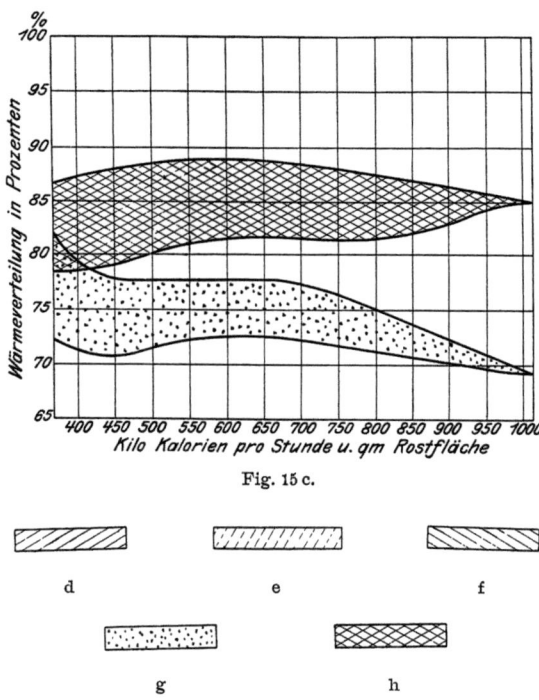

Fig. 15 c.

gemeinschaftlichem Schieber versehenen Abzugskanal die Heizfläche verlassen, so muß beim Öffnen einer Feuertür ein überschüssiges Quantum Luft mehr durch die Heizfläche als bei geschlossener Tür gelangen, weil der zuströmenden Luft ein sehr viel größerer Reibungswiderstand durch die Brennstoffschicht als durch die Feuertüröffnung geboten wird. In diesem Fall würde man bei Verwendung mechanischer Rostbeschickung mit einem geringeren Luftüberschuß auskommen als bei der soeben erörterten Anordnung. Ferner wird der Luftüberschuß

Die Kontrolle des Dampfkesselbetriebes.

Versuch No.	1	2	3	4	5	6	7	8	9	10
Heizwert des Brennstoffes	7041	7077	6876	6789	7342	6971	7050	6950	7002	7132 W. E.
Stündlich pro 1 qm Rostfläche verfeuerte Kohlenmenge	52,15	51,86	67,95	68,05	92,38	91,49	110,73	112,81	144,89	134,60 kg
Desgl. in Kilokalorien	367,1	367,0	467,2	461,9	678,2	637,7	780,6	784,3	1014,5	959,9 kg Kal.
Total verfeuerte Brennstoffmenge . .	2602	2509	3375	3440	4569	4633	5314	5556	7063	6271 kg
Total verdampfte Wassermenge . .	24 860	21 471	28 382	26 757	41 437	37 421	45 284	43 680	54 670	49 604 kg
Desgl. pro Stunde und Quadratmeter Heizfläche	7,51	6,46	8,65	7,98	12,63	11,14	14,24	13,37	16,93	16,06 kg
Temperatur desselben	35,35	40,58	34,05	41,61	36,08	35,35	37,39	34,92	35,41	36,20° C.
Dampf, Spannung in Kilogramm abs. .	10,32	10,23	10,48	10,33	10,58	10,46	10,83	10,46	10,69	10,55 kg abs.
Verdampfungsziffer	9,17	8,26	8,41	7,78	9,06	8,07	8,52	7,86	7,74	7,91 kg
Desgl. reduziert auf 636,72 W. E. Erzeugungswärme	9,04	8,04	8,28	8,57	8,90	7,95	8,35	7,73	7,61	7,77 kg
Luftüberschußkoeffizient	1,63	2,75	1,55	2,68	1,31	2,09	1,27	1,79	1,25	1,52 fach
Endtemperatur der Rauchgase am Heizflächenende	240,9	241,4	239,9	258,6	255,0	271,9	286,8	304,5	310,6	326,9° C.
Nutzeffekt der Dampfkesselanlage . .	82,26	72,37	77,45	70,78	77,45	72,48	75,49	70,88	69,24	69,37 %
Abwärmeverlust	13,32	21,53	11,82	20,76	11,53	18,41	12,43	18,33	15,31	15,64 %
Differenzverlust für Leitung etc. . .	4,42	6,10	10,73	9,16	11,02	9,11	11,08	10,79	15,45	10,99 %
Σ	100,00	100,00	100,00	100,00	100,00	100,00	100,00	100,00	100,00	100,00 Σ

Die Dampfbetriebskontrolle.

hierbei um so mehr anwachsen, als die Eigenart dieses oder jenes Brennstoffes mehr oder minder große Bearbeitung mit dem Schürhaken etc. erfordert, wozu selbstverständlich ein öfteres Öffnen der Feuertür erforderlich ist, d. h. mehr Verbrennungsluft pro Zeiteinheit durch die Heizfläche¹ abzieht. Wie groß diese Anteile überschüssiger Luft sind, zeigen einige Beobachtungen mit annähernd gleichem Brennstoff an der hier schon öfters erwähnten Feuerungsanlage. In allen Fällen wurde der Luftüberschuß möglichst gering gehalten: in Versuch 1 blieb der Essenschieber konstant geöffnet, in Versuch 2 wurde konstante Zuggeschwindigkeit sowohl während des Beschickens als auch des Abbrennens eingehalten, in Versuch 3 endlich wurde bei jedesmaligem Öffnen der Feuertür die Zuluft bis auf ein denkbar geringstes Quantum gedrosselt. Es wurde erhalten:

Versuch No.	1	2	3
Versuchsdauer	8 Std. 10'	8 Std. 9'	8 Std. 9'
Kohlen, verfeuert total	6218	6002	5378 kg
Desgl. pro Stunde	760,8	735,8	659,5 -
Desgl. pro Stunde und Quadratmeter Rostfläche	118,7	114,8	102,9 -
Summa des Öffnens der Feuertür	318	336	306 mal
Anteil der Zeit der offenen Feuertür im Verhältnis zur Versuchsdauer	32,4	30,8	29,6 %
Zuggeschwindigkeit bei geöffneter Feuertür	18,75	14,68	4,60 mm
Desgl. bei geschlossener Feuertür	15,46	15,14	13,55 -
Desgl. mittlere Zuggeschwindigkeit	**16,52**	**14,82**	**10,90** -
Geschwindigkeit der Zuluft in kg/m/sek.	1,90	1,80	1,49 m/sek.
Stündlich zutretende Luftmenge	11 204	10 611	8786 kg
Pro 1 kg Brennstoff verwandte Luftmenge	14,72	14,42	13,32 -
Theoretische Luftmenge pro 1 kg Brennstoff	9,51	9,43	9,22 -
Luftüberschußkoeffizient	**1,54**	**1,52**	**1,44** fach

Man erreicht bei der Drosselung während des Öffnens der Feuertür wohl einen Erfolg, jedoch so minderwertiger Natur, daß derselbe in gar keinem annehmbaren Verhältnis zu der aufgewandten Arbeitsleistung beim Drosseln der Zuluft steht, weshalb diese Luftüberschußverhinderung füglich unterbleibt. Außerdem geht hier die Leistungsfähigkeit der Rostanlage in Versuch No. 2 um 3,29 und in Versuch No. 3 um 13,32 % gegen die in Versuch No. 1 herunter, ein Umstand, der nicht eintritt, wenn für jede Feuertür nebst dazu gehöriger Rostfläche ein Gasweg mit besonderer Absperrvorrichtung vorhanden wäre.

Man würde in diesem Fall also im Mittel einen anderthalbfachen Luftüberschuß bei einer stündlichen Rostbelastung von $\sim$ 120 kg Brennstoff pro 1 qm als Norm bezeichnen können.

Neben Spalten im Kesselmauerwerk wird der Luftüberschuß auch durch ungleiches Bedecken der Rostfläche begünstigt werden, weil der Reibungswiderstand an dieser Stelle geringer wird und bei gleicher Zuggeschwindigkeitsenergie pro Zeiteinheit mehr Luft durchtreten wird. Registriert man außer dem Luftüberschuß, welcher, wie eingangs erwähnt wurde, aus der Absorption des freien Sauerstoffes in den Rauchgasen direkt abgeleitet werden kann, auch noch die Zuggeschwindigkeit, so kann man sowohl auf die Güte der Arbeit — in Bezug auf Luftüberschuß — als auch auf die geleistete Arbeitsmenge — in Bezug auf pro Zeiteinheit verfeuerte Brennstoffmenge — einen Rückschluß machen.

Es kann hierzu auf das Seite 21 befindliche Beispiel hingewiesen werden. Diese Doppelkontrolle ist unumgänglich, sobald man mehrere Kessel in Betrieb hat, welche wohl das verlangte Quantum Dampf vorgeschriebener Spannung erzeugen, jedoch unter Umständen mit ganz verschiedener Beanspruchung, sodaß beispielsweise von 10 in Betrieb befindlichen Kesseln 4 Stück 55 % und 6 Stück 45 % des total produzierten Dampfquantums liefern.

Würde man neben der Luftüberschußmessung den Brennstoff wiegen, so erhielte man nur einen Mittelwert in Bezug auf geleistete Arbeit seitens des Heizers, niemals aber den

Verlauf der Arbeit während der Betriebszeit. Zudem gibt ja gerade die Zuggeschwindigkeitsmessung einen klaren Einblick in die Art der geleisteten Arbeit; aus dem Diagramm ersieht man, wie oft die Feuertür zwecks Beschickung oder Druckrückung des Rostbelages geöffnet wurde, wie lange die Abbrennzeit dauerte etc., weil ja die Zuggeschwindigkeit beim Öffnen der Feuertür sofort ansteigt. In Figur 16 ist ein solches Doppeldiagramm dargestellt. Bildet man die mittleren Werte, so erhält man während der in der Figur gekennzeichneten

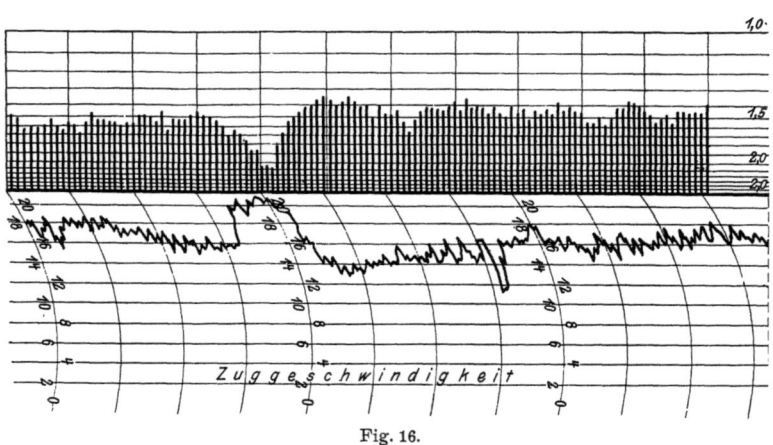

Fig. 16.

Betriebsdauer und unter Benutzung der in Figur 4 dargestellten Zuggeschindigkeitskurve:

Mittlerer Zuggeschwindigkeitsausschlag	16,3 mm Wassersäule
Mittlerer Luftüberschuß	1,63 fach
Mittlere Geschwindigkeit der zuströmenden Luft	1,88 m/sek.
Stündlich angesaugtes Luftquantum	11 085 kg
Theoretische Luftmenge pro 1 kg Brennstoff	$\sim 9{,}5$ -
Tatsächlich verwandte Luftmenge desgl.	$\sim 15{,}9$ -
Verfeuerte Brennstoffmenge pro Stunde	~ 697 -
Desgl. pro 1 qm Rostfläche	~ 108 -

Qualität und Quantität der Arbeitsleistung gut.

Diese Kontrollmethode gibt also wertvolle Daten, erfordert jedoch immerhin zur kontinuierlichen Durchführung einen

78 Die Kontrolle des Dampfkesselbetriebes.

vollkommen geschulten Aufsichtsbeamten, welcher aus den Diagrammen die notwendigen Konsequenzen zu ziehen weiß. Deshalb erscheint diese Methode für viele Zwecke zu kompliziert.

Eine sehr einfache Kontrollmethode erhält man jedoch aus der Kombination der Zug- und Dampfgeschwindigkeitsmesserangaben.

Auf Seite 44 ist die Verwendung der Ausschläge des Dampfgeschwindigkeitsmessers und der Angaben des Zuggeschwindigkeitsmessers erwähnt worden.

Da aus den angeführten Versuchen das günstigste Luftquantum zu den produzierten Dampfmengen bekannt ist, brauchte man neben der Belastungsteilung des Dampfgeschwindigkeitsmessers nur die zugehörigen Zuggeschwindigkeitszahlen einzutragen, welche der Belastung entsprechend als günstigste bekannt sind.

Zeigt also beispielsweise (Seite 44) der Dampfgeschwindigkeitsmesser

$$\begin{Bmatrix} 7{,}51 & 8{,}65 & 12{,}63 & 14{,}24 \\ 6{,}03 & 6{,}76 & 8{,}38 & 10{,}76 \end{Bmatrix} \begin{matrix} \text{Dampf pro Stunde und Quadratmeter} \\ \text{mm Zuggeschwindigkeit,} \end{matrix}$$

so heißt das nichts anderes, als daß der Essenschieber etc. so eingestellt werden muß, daß am daneben befindlichen Zuggeschwindigkeitsmesser die unter der Belastungsziffer stehenden Zuggeschwindigkeitszahlen resultieren.

Die diesen Geschwindigkeitszahlen entsprechenden Luftmengen sind dann wirklich die zum Verfeuern der notwendigen Brennstoffmengen günstigsten, d. h. der Feuerungsnutzeffekt ist der denkbar beste.

Buchdruckerei von Gustav Schade (Otto Francke) Berlin N.

Verlag von Julius Springer in Berlin N.

Geschichte der Dampfmaschine.

Ihre kulturelle Bedeutung, technische Entwickelung und ihre großen Männer.

Von **Konrad Matschoss,**
Ingenieur.

Mit 188 Abbildungen im Text, 2 Tafeln und 5 Bildnissen.

In Leinwand gebunden Preis M. 10,—.

Die Dampfkessel.

Ein Lehr- und Handbuch für Studierende Technischer Hochschulen, Schüler Höherer Maschinenbauschulen und Techniken, sowie für Ingenieure und Techniker.

Von **F. Tetzner,**
Oberlehrer an den Königlichen vereinigten Maschinenbauschulen zu Dortmund.

Mit 95 in den Text gedruckten Figuren und 34 lithographischen Tafeln.

In Leinwand gebunden Preis M. 8,—.

Der Dampfkessel-Betrieb.

Allgemeinverständlich dargestellt.

Von **E. Schlippe,**
Königlicher Gewerberat zu Dresden.

Dritte, vermehrte Auflage.

Mit zahlreichen Abbildungen im Text.

In Leinwand gebunden Preis M. 5,—.

Dampfkessel-Feuerungen

zur Erzielung einer möglichst rauchfreien Verbrennung.

Im Auftrage des Vereines deutscher Ingenieure bearbeitet von

F. Haier,
Ingenieur in Stuttgart.

Mit 301 Figuren im Text und auf 22 lithographischen Tafeln.

In Leinwand gebunden Preis M. 14,—.

Die Wärmeausnutzung bei der Dampfmaschine.

Von **W. Lynen,**
Aachen.

Preis M. 1,—.

Die Steuerungen der Dampfmaschinen.

Von **Carl Leist,**
Professor an der Kgl. Technischen Hochschule zu Berlin.

Zugleich als
Vierte Auflage des gleichnamigen Werkes von Emil Blaha.

(Zur Zeit vergriffen; neue Auflage unter der Presse.)

Zu beziehen durch jede Buchhandlung.

Verlag von Julius Springer in Berlin N.

Der Reguliervorgang bei Dampfmaschinen.
Von Dr. Ing. **B. Rülf.**
Mit 15 in den Text gedruckten Figuren und 3 Tafeln.
Preis M. 2,—.

Die Bedingungen für eine gute Regulierung.
Eine Untersuchung der
Regulierungsvorgänge bei Dampfmaschinen und Turbinen.
Von **J. Isaachsen,** Ingenieur.
Mit 34 in den Text gedruckten Figuren.
Preis M. 2,—.

Berechnung der Leistung und des Dampfverbrauches
der Eincylinder-Dampfmaschinen.
Ein Taschenbuch zum Gebrauch in der Praxis.
Von **Joseph Pechan,**
Professor des Maschinenbaues an der k. k. Staatsgewerbeschule in Reichenberg.
Mit 6 Textfiguren und 38 Tabellen.
In Leinwand gebunden Preis M. 5,—.

Hilfsbuch für Dampfmaschinen-Techniker.
Unter Mitwirkung von Professor A. Käs. verfaßt und herausgegeben
von **Joseph Hrabák,**
Oberbergrat und Professor an der k. k. Bergakademie zu Pribram.
Dritte Auflage. In zwei Teilen.
Mit in den Text gedruckten Figuren.
Zwei Bände. In Leinwand gebunden Preis M. 16.—.

Die Dampfkraftanlagen
auf der Industrie- und Gewerbeausstellung zu Düsseldorf 1902.
Von **Heinrich Dubbel,**
Ingenieur.
Mit zahlreichen in den Text gedruckten Figuren und 5 Tafeln.
Preis M. 3,—.

Das Entwerfen und Berechnen der
Verbrennungsmotoren.
Handbuch für Konstrukteure und Erbauer von Gas- und Ölkraftmaschinen.
Von **Hugo Güldner,**
Oberingenieur, Gerichtlich vereideter Sachverständiger für Motorenbau.
Mit 12 Konstruktionstafeln und 750 Textfiguren.
In Leinwand gebunden Preis M. 20,—.

Mitteilungen
aus den
Königlichen technischen Verfuchsanstalten zu Berlin.
Herausgegeben im Auftrage der
Königlichen Auffichts-Kommiffion.
Erscheinen seit 1883.

Jährlich 6—8 Hefte. — Preis für den Jahrgang M. 12,—.

Zu beziehen durch jede Buchhandlung.

MIX
Papier aus verantwortungsvollen Quellen
Paper from responsible sources
FSC® C105338

If you have any concerns about our products,
you can contact us on
ProductSafety@springernature.com

In case Publisher is established outside the EU,
the EU authorized representative is:
**Springer Nature Customer Service Center GmbH
Europaplatz 3, 69115 Heidelberg, Germany**

Printed by Libri Plureos GmbH
in Hamburg, Germany